Bohmsche Mechanik

Esther Neustadt zugeeignet

Oliver Passon

Bohmsche Mechanik

Eine elementare Einführung in die
deterministische Interpretation der
Quantenmechanik

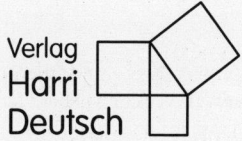

Verlag
Harri
Deutsch

Der Autor
Oliver Passon, Jahrgang 1969, studierte Physik, Mathematik, Erziehungswissenschaften und Philosophie an der Bergischen Universität Wuppertal. Promotion 2002 in der Elementarteilchenphysik im Rahmen des DELPHI Experiments am europäischen Forschungszentrum CERN bei Genf. Nach einer Tätigkeit am Forschungszentrum Jülich arbeitet er seit 2008 als Lehrer für Mathematik und Physik am Carl-Duisberg Gymnasium in Wuppertal.

Die Webseite zum Buch
http://www.harri-deutsch.de/1856.html

Der Verlag
Wissenschaftlicher Verlag Harri Deutsch GmbH
Gräfstraße 47
60486 Frankfurt am Main
verlag@harri-deutsch.de
www.harri-deutsch.de

Bibliografische Information der Deutschen Nationalbibliothek
Die Deutsche Nationalbibliothek verzeichnet diese Publikation in der Deutschen Nationalbibliografie; detaillierte bibliografische Daten sind im Internet über http://dnb.d-nb.de abrufbar.

ISBN 978-3-8171-1856-4

Dieses Werk ist urheberrechtlich geschützt.
Alle Rechte, auch die der Übersetzung, des Nachdrucks und der Vervielfältigung des Buches – oder von Teilen daraus – sind vorbehalten. Kein Teil des Werkes darf ohne schriftliche Genehmigung des Verlages in irgendeiner Form (Fotokopie, Mikrofilm oder ein anderes Verfahren), auch nicht für Zwecke der Unterrichtsgestaltung, reproduziert oder unter Verwendung elektronischer Systeme verarbeitet werden.
Zuwiderhandlungen unterliegen den Strafbestimmungen des Urheberrechtsgesetzes.
Der Inhalt des Werkes wurde sorgfältig erarbeitet. Dennoch übernehmen Autor und Verlag für die Richtigkeit von Angaben, Hinweisen und Ratschlägen sowie für eventuelle Druckfehler keine Haftung.

2., erweiterte und überarbeitete Auflage 2010
©Wissenschaftlicher Verlag Harri Deutsch GmbH, Frankfurt am Main, 2010
Druck: fgb – freiburger graphische betriebe <www.fgb.de>
Printed in Germany

Vorwort

Diese Arbeit bietet eine elementare Einführung in die von Louis de Broglie und David Bohm formulierte deterministische Version der nichtrelativistischen Quantenmechanik, kurz: »de Broglie-Bohm Theorie« oder »Bohmsche Mechanik«[1]. Diese Theorie reproduziert alle Vorhersagen der üblichen Quantenmechanik, erlaubt jedoch im Gegensatz zu dieser eine objektive und deterministische Beschreibung.

An Vorkenntnissen setzt unsere Darstellung lediglich Grundlagen der nichtrelativistischen Quantenmechanik voraus, wie sie Gegenstand jeder Einführungsvorlesung der Quantenmechanik sind. Auch in mathematischer Hinsicht ist eine möglichst elementare Darstellung angestrebt worden. Dieses Buch kann damit als einführende Lektüre für eine Beschäftigung mit dem stärker mathematisch orientierten Werk von Detlef Dürr [4] verwendet werden[2].

Die Bohmsche Mechanik hat bisher kaum Eingang in die Lehrbuchliteratur gefunden und ist dadurch weitgehend unbekannt. Wo sie doch diskutiert wird, ist der Ton häufig polemisch und an der Grenze zur Unsachlichkeit. Nicht selten verraten Bemerkungen zur Bohmschen Mechanik allerdings, dass ihr Konzept nur unvollständig verstanden wurde. Die Bohmsche Mechanik jedoch als Kuriosum abzutun, verkennt ihre konzeptionelle und wissenschaftstheoretische Bedeutung vollkommen. An dieser Stelle braucht es offensichtlich eine unaufgeregte und sachliche Darstellung, um die Auseinandersetzung von dogmatischem Ballast auf beiden Seiten zu befreien.

Dabei geht es im Kern gar nicht zuerst um die Frage, ob die Bohmsche Deutung nun tatsächlich »wahr« ist. Allein schon ihre Existenz ist eine Provokation für all jene, die vorschnelle Schlüsse über die erkenntnistheoretischen Implikationen der modernen Physik ziehen wollen. Die Beschäftigung mit Bohmscher Mechanik kann verwendet werden, um die emotionalisierte Debatte um die Deutung der Quantenmechanik zu rekonstruieren und das mit der Quantenmechanik erreichte Wirklichkeitsverständnis besser zu verstehen.

---

[1] Diese Theorie ist in weiten Teilen bereits 1927 von de Broglie formuliert worden [1]. Erwin Madelung hatte sogar schon 1926 ähnliche Ansätze gefunden [2]. Bohm entwickelte seine Version unabhängig davon 1952 [3]. Louis de Broglie nannte seine Formulierung »Führungsfeld Theorie«, David Bohm bezog sich auf seine Theorie als *kausale* bzw. *ontologische* Interpretation der Quantenmechanik. Wir werden im Folgenden der Kürze halber meist von »Bohmscher Mechanik« sprechen.

[2] Neben diesem Buch existieren nach Kenntnis des Autors überhaupt nur noch drei andere Darstellungen der Bohmschen Mechanik auf Lehrbuchniveau: Peter Hollands *The Quantum Theory of Motion* [5], *The Undivided Universe* von Bohm und Hiley [6] und *Quantum Mechanics* [7] von James Cushing.

Abschließend noch eine Anmerkung zur konkreten Darstellung der Theorie: In den 50 Jahren ihres Bestehens hat die Bohmsche Mechanik natürlich Umformulierungen und Weiterentwicklungen erfahren. Bohm selbst (und später etwa auch Holland [5]) wählte eine Darstellung, die vor allem durch das »Quantenpotential« die Bohmsche Mechanik in große Nähe zur klassischen Physik rückt. Darüber hinaus ist dort der genaue Status der Observablen (außer dem Ort) sowie der Quantengleichgewichtshypothese noch nicht mit abschließender Schärfe formuliert. Man kann vermuten, dass durch diesen Umstand Bohm selbst die Rezeption seiner Theorie erschwerte. In diesen Fragen folgen wir deshalb den Arbeiten von Dürr, Goldstein, Zanghì und anderen (siehe etwa [4, 8, 9, 10, 11]). Ihre Darstellung der Bohmschen Mechanik greift an vielen Stellen Ideen von John Bell auf [12], der seit den 60er Jahren zu den wenigen prominenten Physikern gehörte, die sich für die Bohmsche Mechanik eingesetzt haben. In diesem Sinne bedeutet dieses Buch also nicht den anachronistischen Versuch, eine jahrzehntealte Theorie darzustellen, sondern reflektiert im Rahmen seiner Möglichkeiten den aktuellen Forschungsstand auf diesem Gebiet.

Schließlich ist es mir eine Freude, denen meinen Dank auszusprechen, die in verschiedener Weise die Entstehung dieser Arbeit befördert haben. Dieses Projekt wäre ohne die Hilfe von Dr. Roderich Tumulka aus der *Arbeitsgruppe Bohmsche Mechanik* an der Ludwig-Maximilian-Universität München unweigerlich zum Scheitern verurteilt gewesen. In ausführlichen E-Mails und persönlichen Diskussionen hat er mir geholfen, den Gegenstand besser zu verstehen und Missverständnisse aufzuklären. Herr Prof. Dr. Detlev Dürr ermöglichte mir dankenswerterweise die Teilnahme an der Konferenz »Quantum Mechanics without Observer II« am Bielefelder ZiF. Ebenfalls sehr fruchtbar war die Teilnahme an der Frühjahrsschule »Physics and Philosophy« in Maria in der Aue. Mein Dank gilt neben allen Teilnehmern vor allem den Organisatoren PD Dr. Holger Lyre und Prof. Dr. Peter Mittelstaedt. Hier bot sich mir die Gelegenheit zu intensiven Diskussionen mit unter anderem Prof. Dr. Don Howard und Dr. Jeremy Butterfield. Danken möchte ich auch Prof. Dr. Leslie Ballentine, Prof. Dr. Claus Kiefer, Prof. Dr. Günter Nimtz und Prof. Dr. Berthold-Georg Englert, die die Freundlichkeit hatten, mir in elektronischer Korrespondenz verschiedene Fragen zum Thema dieser Arbeit zu beantworten. Die sehr gute Zusammenarbeit mit Klaus Horn und Dr. Alfred Ziegler vom Verlag Harri Deutsch möchte ich ebenfalls hervorheben.

Schließlich gilt ein besonderer Dank meiner Freundin Esther Neustadt, die nicht nur zahllose Verstöße gegen die Regeln der deutschen Rechtschreibung und Zeichensetzung beseitigte.

Die Genannten stimmen natürlich nicht notwendig allen Teilen dieses Buches zu, noch sind sie für mögliche Fehler oder Ungenauigkeiten der Darstellung verantwortlich.

Wuppertal, den 29. Oktober 2004 *Oliver Passon*

Vorwort zur 2. Auflage

Mir großer Freude nutze ich die zweite Auflage des Buches, um einige Veränderungen vorzunehmen. In zahlreichen Diskussionen hat sich immer stärker herauskristallisiert, dass die Frage bzw. Schwierigkeit der relativistischen und quantenfeldtheoretischen Verallgemeinerung als das Haupthindernis angesehen wird, in der de Broglie-Bohm Theorie mehr als ein wissenschaftstheoretisches Kuriosum zu sehen. Allerdings leidet auch hier die Diskussion darunter, dass sie selten auf der Höhe des aktuellen Forschungsstandes geführt wird. Aus diesem Grund wurde das Kaptitel 8 über den Welle-Teilchen Dualismus des Lichts durch einen kurzen Abriss der relativistischen und quantenfeldtheoretischen Verallgemeinerungen ersetzt. Dieses Kapitel beruht im Wesentlichen auf meiner Veröffentlichung »What you always wanted to know about Bohmian mechanics but were afraid to ask« (Physics and Philosophy 3 (2006)). Hier gilt mein besonderer Dank erneut Roderich Tumulka und Ward Struyve, die mir bei der Anfertigung dieser Arbeit durch ihre kritischen Kommentare und Diskussionen sehr geholfen haben. Für die Einladung an das Perimeter Institut möchte ich besonders Ward Struyve vielmals danken.

Aus didaktischen Gründen stellt dieses Kapitel jedoch einen Fremdkörper dar, schließlich setzt der Rest des Buches lediglich Grundkenntnisse der nicht-relativistischen Quantenmechanik voraus. Eine grundständige Einführung der Dirac-Gleichung und Quantenfeldtheorie wurde aus naheliegenden Gründen nicht angestrebt. Ich hoffe jedoch, dass auch die skizzenhafte Darstellung zusammen mit den Hinweisen auf die Originalliteratur ihren Dienst erfüllt.

Weitere größere Veränderungen am Text betreffen den Abschnitt 2.2 zur Entstehungsgeschichte der Theorie. Hier habe ich versucht unter Einbeziehung neuerer Literatur, die Rolle von Louis de Broglie angemessener zu würdigen. Ebenfalls enthält dieser Abschnitt nun eine kleine Untersuchung der Frage, welche Rolle das Messproblem bei der Entstehung der Bohmschen Mechanik spielte.

Zuletzt möchte ich noch jenen danken, die mir durch Einladungen zu Tagungen oder Seminaren die Gelegenheit boten, die Grundidee der de Broglie-Bohm Theorie vorzustellen und an ebenso kontroversen und fruchtbaren Diskussionen teilzunehmen. Hervorheben möchte ich hier Prof. Dr. Dr. Brigitte Falkenburg (Dortmund), Prof. Dr. Gregor Schiemann (Wuppertal), Dr. Rafaela Hillerbrand und Prof. Dr. Gernot Münster (Münster), Dr. Hans Behringer (Bielefeld) sowie Prof. Dr. Heinz-Jürgen Schmidt (Osnabrück). Ich hoffe, dass auch die 2. Auflage dieses Buches als Anregung zu einer Diskussion verstanden wird!

Wuppertal, den 25. Januar 2010 *Oliver Passon*

Inhaltsverzeichnis

1	**Zusammenfassung**	**1**
2	**Einleitung**	**5**
	2.1 Messung und Kollaps	6
	2.2 Die Entstehung der Bohmschen Mechanik	8
	2.2.1 Die Rolle des Messproblems für die Entstehung der de Broglie-Bohm Theorie	9
	2.3 Rezeption der Bohmschen Theorie	11
	2.4 Die Debatte um die Quantenmechanik	14
	2.5 John Bell und die Bohmsche Mechanik	16
3	**Quantenmechanik**	**19**
	3.1 Grundlagen	20
	3.2 Das Messproblem	21
	3.3 Interpretation der Quantenmechanik	23
	3.3.1 Die Kopenhagener Deutung	23
	3.3.2 Die Ensemble-Interpretation	26
	3.4 Schlussfolgerungen	29
4	**Bohmsche Mechanik**	**31**
	4.1 Motivation 1: Hamilton-Jacobi	32
	4.1.1 Anmerkung zur 1. Motivation	33
	4.2 Motivation 2: Wahrscheinlichkeitsstrom	34
	4.2.1 Anmerkung zur 2. Motivation	35
	4.3 Motivation 3: Symmetriebetrachtung	35
	4.3.1 Anmerkung zur 3. Motivation	36
	4.4 Die Quantengleichgewichtshypothese	36
	4.4.1 Herleitungen der Quantengleichgewichtshypothese	37
	4.5 Die Nicht-Eindeutigkeit der Bohmschen Mechanik	40
	4.6 Die verschiedenen Schulen der de Broglie-Bohm Theorie	40
	4.6.1 Das Quantenpotential	41
	4.6.2 Teilcheneigenschaften in der de Broglie-Bohm Theorie	43
	4.7 Die Wellenfunktion	44
	4.8 Spin in der Bohmschen Mechanik	46
	4.9 Beweise über die Unmöglichkeit einer Theorie verborgener Variablen	47

5 Messung und »Observable« in der Bohmschen Mechanik   51
    5.1 Die Messung in der Bohmschen Mechanik 52
         5.1.1 Effektive Wellenfunktion und Kollaps 54
    5.2 Interpretation des Messprozesses: Kontextualität 54
         5.2.1 »Naiver Realismus« über Operatoren 56
         5.2.2 Das Kochen-Specker-Theorem 57

6 Lokalität, Realität, Kausalität and all that ...   61
    6.1 Das EPR-Experiment 61
         6.1.1 Bohrs Erwiderung 65
         6.1.2 Umformulierung des EPR-Experimentes nach Bohm . . . 66
    6.2 Die Bellsche Ungleichung 67
         6.2.1 Spinkorrelationen in einer lokalen Theorie verborgener Variablen 68
         6.2.2 Spinkorrelationen in der Quantenmechanik 70
         6.2.3 Experimentelle Bestätigung der Quantenmechanik 71
         6.2.4 Exkurs: Problembewusstsein 72
    6.3 Folgerungen aus der Verletzung von Bells Ungleichung 72
         6.3.1 Determinismus 74
         6.3.2 Lokalität und Separabilität 74
         6.3.3 Realität 76
         6.3.4 Widerspricht die Quantenmechanik der speziellen Relativitätstheorie? 78
         6.3.5 Schlussfolgerungen 79
    6.4 Das EPR-Experiment in der Bohmschen Mechanik 80

7 Anwendungen   83
    7.1 Allgemeine Eigenschaften der Bohmschen Trajektorien 83
         7.1.1 Existenz und Eindeutigkeit der Lösung 83
         7.1.2 Bohmsche Trajektorien können sich nicht schneiden . . . 83
         7.1.3 Bohmsche Trajektorien reeller Wellenfunktionen 84
    7.2 Der harmonische Oszillator 84
         7.2.1 Bohmsche Trajektorien beim harmonischen Oszillator . . 85
         7.2.2 Die Kritik Einsteins 86
    7.3 Das Wasserstoffatom 87
         7.3.1 Bohmsche Trajektorien beim Wasserstoff 88
    7.4 Das Doppelspaltexperiment 88
         7.4.1 Doppelspaltexperiment mit verzögerter Wahl 89
    7.5 Der Tunneleffekt 94
         7.5.1 Tunneleffekt in der Quantenmechanik 94
         7.5.2 Bohmsche Trajektorien beim Tunneleffekt 96
         7.5.3 Das Tunnelzeit-Problem 96
    7.6 Schrödingers Katze 102
         7.6.1 Lösungsversuche 102

		7.6.2 Schrödingers Katze in der Bohmschen Mechanik	104
	7.7	Mehrteilchensysteme	104
		7.7.1 Verschränkte und nichtverschränkte Zustände	105

8 Verallgemeinerungen 107
- 8.1 Was ist eine »Bohm-artige« Theorie 108
- 8.2 Die Bohm-Dirac Theorie 109
- 8.3 Quantenfeldtheoretische Verallgemeinerungen 110
  - 8.3.1 Feld-beables für Bosonen und Teilchen-beables für Fermionen 110
  - 8.3.2 Feld-beables für Bosonen und keinen beable-Status für Fermionen 111
  - 8.3.3 Fermionanzahl als beable 112
- 8.4 Verallgemeinerungen von Theorien 114
- 8.5 Zusammenfassung 115

9 Kritik an der Bohmschen Mechanik 117
- 9.1 Der Metaphysikvorwurf 117
- 9.2 Ockham's Razor 119
- 9.3 Rückkehr zur klassischen Physik? 120
- 9.4 Leere Wellenfunktionen 120
- 9.5 Die Asymmetrie der Bohmschen Mechanik 121
- 9.6 Das ESSW-Experiment 122
  - 9.6.1 Erwiderungen auf ESSW 123
- 9.7 Nichtlokalität 124

10 Schlussbemerkungen 127

A Hamilton-Jacobi-Theorie 129

B Reine und gemischte Zustände 131
- B.1 Beschreibung gemischter Ensemble: Die Dichtematrix 133

C Signal-Lokalität und Kausalität 135

Literaturverzeichnis 141

Namens- und Sachverzeichnis 153

1 Zusammenfassung

> Bohmian Mechanics is equivalent experimentally to ordinary nonrelativistic quantum mechanics – and it is rational, it is clear, and it is exact, and it agrees with experiment, and I think it is a scandal that students are not told about it. Why are they not told about it? I have to guess here there are mainly historical reasons, but one of the reasons is surely that this theory takes almost all the *romance* out of quantum mechanics. This scheme is a living counterexample to most of the things that we tell the public on the great lessons of twentieth century science.
>
> John S. Bell

Wir wollen hier eine kurze Skizze der Bohmschen Mechanik voranstellen, um dem Leser die Orientierung zu erleichtern. Dabei wird bewusst prägnant formuliert – ohne Fußnoten und Quellenangaben.

Was ist Bohmsche Mechanik?

Bohmsche Mechanik ergänzt die Schrödingergleichung um Bewegungsgleichungen für die Ortskoordinaten des jeweiligen »Quantensystems«, also etwa für das Hüllenelektron des Wasserstoffatoms. In der Bohmschen Mechanik sind Wellen- und Teilcheneigenschaften also nicht *komplementär* zueinander, und ein Teilchen hat zu jedem Zeitpunkt einen definierten Ort. Die Bewegungsgleichung für die Ortskoordinate $x(t)$ eines 1-Teilchen Zustands, der durch die Wellenfunktion $\psi = Re^{\frac{i}{\hbar}S}$ beschrieben wird, lautet:

$$\frac{\mathrm{d}x}{\mathrm{d}t} = \frac{\nabla S}{m}$$

Das ψ-Feld »führt« also die Teilchenbewegung und bekommt eine reale physikalische Bedeutung. Die statistischen Vorhersagen der üblichen Quantenmechanik können *alle* reproduziert werden, wenn man für die Anfangsbedingungen der Orte von Teilchen, die durch die Wellenfunktion ψ beschrieben werden, eine $|\psi|^2$-Verteilung wählt. Dies nennt man die Quantengleichgewichtshypothese. Die Bohmsche Mechanik ist eine deterministische Theorie, und ihre Wahrscheinlichkeitsaussagen haben den gleichen Status wie in der klassischen statistischen Physik: Sie sind lediglich der Unkenntnis über die genauen Anfangsbedingungen geschuldet.

Warum Bohmsche Mechanik?

Wie bereits erwähnt, kann die Bohmsche Mechanik alle experimentellen Ergebnisse der nichtrelativistischen Quantenmechanik reproduzieren. Sie hat jedoch ein radikal abweichendes Wirklichkeitsverständnis zur Folge.

Im Doppelspalt führen die Trajektorien individueller Teilchen auf das beobachtbare Interferenzmuster, da die Teilchenbewegung durch die Wellenfunktion (die am Spalt interferiert) geleitet wird. Der schwankende Welle-Teilchen Dualismus der Kopenhagener Deutung (Stichwort *Komplementarität*) kann vermieden werden. Nicht zuletzt findet das Messproblem, das in der üblichen Quantenmechanik seit Jahrzehnten kontrovers diskutiert wird, innerhalb der Bohmschen Mechanik eine elegante Lösung.

Die große Bedeutung der Bohmschen Mechanik liegt somit im Bereich der Grundlagenfragen und der Interpretation der Quantenmechanik. Sie ist der lebende Beweis dafür, dass wir zu einigen der radikalen erkenntnistheoretischen Implikationen der Quantenmechanik (fundamentale Bedeutung der Wahrscheinlichkeit, Komplementarität, ausgezeichnete Rolle der Messung etc.) nicht von der Natur – d. h. durch experimentelle Fakten – gezwungen werden.

Viele Anhänger der Bohmschen Mechanik sehen in ihr zudem einen wichtigen Ansatz, um die Grundlagen der modernen Physik so zu formulieren, dass die offenen Fragen der aktuellen Forschung (etwa einer Quantentheorie der Gravitation) erfolgreicher adressiert werden können. Diese Hoffnung muss sich freilich erst noch erfüllen. Aber auch unabhängig davon besitzt die Bohmsche Mechanik einen großen konzeptionellen und didaktischen Wert.

Verborgene Variablen

Aus historischen Gründen wird die Bohmsche Mechanik als Theorie »verborgener Variablen« bezeichnet. Dabei sind diese zusätzlichen Variablen (die Teilchenorte) die einzig experimentell zugänglichen Größen der Quantenmechanik! Die Existenz der Bohmschen Mechanik wird weder durch v. Neumanns Beweis der »Unmöglichkeit einer Theorie verborgener Variablen« noch durch das Bell-Theorem widerlegt. Neumanns Beweis macht Voraussetzungen, die nicht allgemein genug sind, und die experimentelle Verletzung der Bellschen Ungleichung ist in vollständigem Einklang mit den Vorhersagen der Bohmschen Mechanik.

Kann experimentell zwischen Bohmscher Mechanik und Quantenmechanik unterschieden werden?

Nach Konstruktion reproduziert die Bohmsche Mechanik alle Vorhersagen der nichtrelativistischen Quantenmechanik, aber auch nur diese! Sie trifft keine Vorhersagen, die in experimentell überprüfbaren Situationen von denen der Quantenmechanik abweichen. Im Besonderen entziehen sich die individuellen Trajektorien einer Präparation jenseits des Quantengleichgewichts. Dadurch kann kein Experiment zwischen diesen alternativen Theorien unterscheiden.

Kritik an der Bohmschen Mechanik

In Anbetracht dieser bemerkenswerten Eigenschaften stellt sich natürlich die Frage, warum sich die Bohmsche Mechanik keiner weiteren Verbreitung erfreut. Die Kritik an dieser Theorie ist in der Tat vielfältig, rechtfertigt aber ihre vollständige Marginalisierung in keiner Weise. Zahlreiche Gegenargumente beruhen auf subjektiven Kriterien, und teilweise verrät die Kritik auch mangelnde Auseinandersetzung mit den Grundlagen der Bohmschen Mechanik.

Der häufigste Vorwurf bezieht sich auf die »Nichtlokalität« der Bohmschen Mechanik, d.h. die Tatsache, dass im Prinzip beliebig weit voneinander entfernte Objekte die gegenseitige Bewegung beeinflussen können. Aufgrund dieser Eigenschaft hegen viele Kritiker Zweifel an einer befriedigenden relativistischen Verallgemeinerungsfähigkeit dieser Theorie. Dieser Vorwurf relativiert sich jedoch angesichts der Verletzung der Bellschen Ungleichung durch die Quantenmechanik. In einer kontroversen Diskussion neigt eine Mehrzahl von Physikern zu dem Schluss, dass die übliche Quantenmechanik ebenfalls »nichtlokal« ist.

Gleichzeitig existieren bereits verschiedene Modelle einer relativistischen bzw. quantenfeldtheoretischen Verallgemeinerung der Bohmschen Mechanik, die alle Vorhersagen der »orthodoxen« Quantenfeldtheorie reproduzieren können. Ebenfalls wird durch diese verallgemeinerten Modelle das Messproblem gelöst, das in der relativistischen Quantentheorie ebenfalls auftritt.

2 Einleitung

> Ein etwas vorschnippischer Philosoph, ich glaube Hamlet, Prinz von Dänemark, hat gesagt, es gebe eine Menge von Dingen im Himmel und auf Erden, wovon nichts in unseren Kompendiis steht. Hat der einfältige Mensch, der bekanntlich nicht recht bei Trost war, damit auf unsere Kompendia der Physik gestichelt, so kann man ihm getrost antworten: Gut, aber dafür steht auch wieder eine Menge von Dingen in unseren Kompendiis, wovon weder im Himmel noch auf der Erde etwas vorkömmt.
>
> G. Ch. Lichtenberg [13]

Warum überhaupt Bohmsche Mechanik? Die nichtrelativistische Quantenmechanik, gemeinsam mit ihrer üblichen Wahrscheinlichkeitsinterpretation, findet sich in glänzender Übereinstimmung mit allen experimentellen Befunden, und die Synthese aus Quantenmechanik und Relativitätstheorie zu relativistischen Quantenfeldtheorien wird als fundamentale Naturbeschreibung angesehen. Unabhängig von diesen Erfolgen bleibt die *Interpretation* der Quantenmechanik jedoch erstaunlich dunkel. So lesen wir etwa bei Gell-Mann:

> Quantenmechanik, diese mysteriöse und verwirrende Theorie, die niemand von uns wirklich versteht, von der wir jedoch wissen, wie wir sie benutzen müssen. [14]

Sinngemäß gleichlautende Zitate finden sich – zur großen Entmutigung aller Physikstudenten – bei Bohr über Heisenberg bis Feynman. Vielen erscheint sie als ein formaler Apparat, der zwar in bisher ungekannter Präzision eine *Beschreibung* und *Berechenbarkeit* der Welt erlaubt, die behandelten Phänomene aber nicht *erklärt* und *verständlich* macht. Als tiefere Ursache für all diese Verständnisprobleme wird vielfach angesehen, dass die Beschreibung mikroskopischer Vorgänge zu einer radikalen Umwälzung unserer physikalischen Begriffe zwingt. Aber ist es tatsächlich die radikale Neuheit der Begriffe, die das Verständnis erschwert? Diese Begründung ist zumindest fragwürdig. Zum einen ist es nicht wirklich verwunderlich, wenn zur Beschreibung atomarer Vorgänge die Begriffe, die sich am Umgang mit makroskopischen Objekten gebildet haben, versagen. Zum anderen hat auch die Relativitätstheorie Einsteins eine radikale Umwälzung der physikalischen Begriffe mit sich gebracht, jedoch hat eine ähnlich kontroverse Debatte um deren Deutung nicht stattgefunden[1].

---

[1] Es gab natürlich auch hier eine Deutungsdebatte. Diese Fragen konnten jedoch geklärt werden,

Was also ist der *wirkliche* Grund dafür, dass Physiker wie Einstein, Schrödinger und später Bohm und Bell keinen Frieden mit der Quantenmechanik schließen konnten? Die Kritik dieser Forscher setzte weniger an der radikalen Neuheit der Begriffe an, sondern an ihrer *ungenauen* Formulierung. Bei Schrödinger lesen wir [16, S. 812]:

> Es ist ein Unterschied zwischen einer verwackelten oder unscharf eingestellten Photographie und einer Aufnahme von Wolken und Nebelschwaden.

Von den beiden Bildern, die Schrödinger hier beschreibt, ist eines die ungenaue Beschreibung von etwas (möglicherweise) Scharfem, das andere jedoch die präzise Darstellung von etwas Unscharfem. Schrödinger und andere haben argumentiert, dass die Quantenmechanik genau das tue: Sie liefere nur ein ungenaues Bild, und ob das abgebildete Objekt (der Quantenzustand) »nebelhaft« und »wolkig« sei, könne gar nicht beurteilt werden.

2.1 Messung und Kollaps

An welcher Stelle wird die Beschreibung der Quantenmechanik aus der Sichtweise der Kritiker ungenau? Ein zentrales Problem ist die »Messung«. Nach herkömmlichem Verständnis wird durch den *Akt* der Messung *ein* möglicher Ausgang des Experimentes *zufällig* ausgewählt. Konkret: Das Elektron im Doppelspaltexperiment schwärzt *einen* Punkt auf dem Photoschirm. Ohne diese Messung durchgeführt zu haben, dürfte man aber nicht davon sprechen, dass das Elektron trotzdem diesen Raumpunkt erreicht hätte. Das Elektron bewegt sich gemäß der quantenmechanischen Beschreibung nicht auf einer Bahn. Es ist in einem begrifflich komplizierten Sinne Welle und Teilchen zugleich[2] (bzw. diese beiden Aspekte verhalten sich komplementär zueinander). Dies wird auch mit der Aussage zusammengefasst, dass der Wellenfunktion die Bedeutung einer »Wahrscheinlichkeitsamplitude« zukommt. Die Frage lautet nur: Wahrscheinlichkeit wofür? Die übliche Antwort lautet: Für den Ausgang einer bestimmten Messung. Die Messung ist jedoch kein logisch einfacher Begriff. Bell formulierte scharfzüngig die Frage, was ein bestimmtes System dafür qualifiziere, ein »Messgerät« zu sein [12, S. 117]:

> What exactly qualifies some physical system to play the role of a »measurer«? Was the wavefunction of the world waiting to jump for thousands of years until a single-celled living creature appeared? Or did it have to

---

ohne dass die Physik so vollständig in verschiedene Schulen und Lehrmeinungen über die Interpretation zerfallen wäre wie im Falle der Quantenmechanik. Es sollte jedoch erwähnt werden, dass mit der *lorentzianischen Interpretation* ebenfalls eine alternative Deutung vorliegt, die die radikalen erkenntnistheoretischen Implikationen der Relativitätstheorie abschwächt [15].

[2] »Welle-« oder »Teilchen-sein« sind selbstverständlich keine Attribute eines Objektes, sondern sollten vielmehr als Eigenschaften seiner *Beschreibung* in bestimmten Situationen aufgefasst werden.

> wait a little longer, for some better qualified system [...] with a Ph.D.? If the theory is to apply to anything but highly idealized laboratory operations, are we not obliged to admit that more or less »measurement-like« processes are going on more or less all the time, more or less everywhere? Do we not have jumping then all the time?

Was Bell meint, ist die spezielle nichtunitäre Zustandsänderung der Wellenfunktion (auch »Kollaps« genannt), die ein System bei der Messung veranlasst, in einen Eigenzustand zu »springen«. Eine Lösungsmöglichkeit für das Messproblem besteht darin, die Dynamik der Quantenmechanik zu modifizieren. Tatsächlich existieren Ansätze, die Schrödingergleichung durch eine solche Beschreibung des Kollapses zu komplettieren. Der bekannteste stammt von Ghirardi, Rimini und Weber [18]. Diese Ansätze behaupten also weiterhin, dass die Wellenfunktion die vollständige Beschreibung des Systems liefert, deren Dynamik aber erst durch eine modifizierte Schrödingergleichung festgelegt ist[3].

Innerhalb der Quantenmechanik bietet sich noch ein anderer Ausweg an: In [19] argumentiert Ballentine, dass das Messproblem aus der Annahme folgt, dass die Wellenfunktion die vollständige Beschreibung *individueller* Objekte darstellt. Wendet man diese Sichtweise nämlich auf *individuelle* Messgeräte an, so folgt das Problem der irrealen Überlagerung von z. B. makroskopisch verschiedenen Zeigerstellungen. Ballentine schlägt deshalb eine »Ensemble-Interpretation« der Quantenmechanik vor, nach der ψ nicht *einzelne* Objekte, sondern nur eine *Menge* von identisch präparierten Objekten (ein sog. Ensemble) beschreibt (siehe dazu auch Abschnitt 3.2). Ballentine führt weiter aus:

> Since, as has been argued, the QM state vector describes only an ensemble of similarly prepared systems, then there is a need for a theory that does describe individual systems. This need is especially felt in cosmology, where there is no room for any observer [...] and where probabilistic predictions of the kind that serve so well in atomic physics are untestable because it is not possible to perform measurements on an ensemble of similarly prepared universes.

Bohmsche Mechanik ist genau eine solche Vervollständigung der Quantenmechanik, mit dem Ergebnis, auch individuelle Zustände beschreiben zu können. Im Besonderen wird der Messvorgang nicht mehr ausgezeichnet. Er bekommt den Rang einer gewöhnlichen Wechselwirkung, und der Ausgang der Messung ist durch die Anfangsbedingungen vollständig festgelegt.

Dass diese Beschreibung deterministisch ist, spielt dabei in den Augen vieler Anhänger der Bohmschen Mechanik nur eine nachrangige Rolle. Es ist also irreführend, die Bohmsche Mechanik als den Versuch aufzufassen, ein im Wesentlichen

---

[3] Diese Ansätze werden als »spontaner Kollaps« bzw. »spontane Lokalisierung« bezeichnet. Sie beruhen darauf, die Schrödingergleichung durch einen nichtlinearen Term zu modifizieren. Dieser enthält eine stochastische Komponente, die zu einem dynamischen Kollaps in Einklang mit den experimentellen Befunden der Quantenmechanik führt. Der deskriptive Gehalt dieser Theorien ist identisch mit dem der üblichen Quantenmechanik.

klassisches Weltbild zu restaurieren. Man sollte sie als den Versuch betrachten, eine *exakte* Quantenmechanik zu formulieren. Dies wird auch deutlich, wenn wir im folgenden Abschnitt einen Blick auf ihre Entstehungsgeschichte werfen.

2.2 Die Entstehung der Bohmschen Mechanik

Wir haben diesem Buch den griffigen Titel »Bohmsche Mechanik« gegeben, aber aus physikhistorischer Sicht ist die Bezeichnung de Broglie-Bohm Theorie sicherlich angemessener. Bereits 1927 stelle Louis de Broglie (1892-1987) seine sog. »Theorie der Führungswelle« auf der 5. Solvay Konferenz in Brüssel vor, die viele wesentliche Teile der heutigen Formulierung bereits enthielt. Aus heutiger Sicht fehlt zwar der Behandlung des Messvorganges die letztgültige Klarheit, aber zum Beispiel trug de Broglie bereits die Verallgemeinernung auf den Vielteilchenfall vor. Guido Bacciagaluppi und Antony Valentini haben 2006 die erste englische Übersetzung des Tagungsbandes der 5. Solvay Konferenz vorgelegt [20]. Diese Konferenz ist für die Auseinandersetzung zwischen Einstein und Bohr über die Grundlagen der Quantentheorie allgemein bekannt geworden – in der verbreiteten Darstellung haben die wichtigsten Diskussionen am Rande der Konferenz stattgefunden. Diese Sicht stützt sich jedoch hauptsächlich auf Zeugnisse von Bohr, Heisenberg und Ehrenfest, die teilweise mit großer zeitlicher Distanz geschrieben wurden. Die kenntnisreiche Einführung von Valentini und Bacciagaluppi in [20] argumentiert, dass die übliche Darstellung der Konferenz einseitig ist und ebenfalls de Broglies Beitrag zur Grundlagenforschung der damaligen Zeit genauer bewertet werden muss. De Broglies Zugang zur Quantentheorie über die Verbindung des Prinzips der kleinsten Wirkung und dem Prinzips von Fermat stellte eine entscheidende Inspiration für Schrödingers Entwicklung der Wellenmechanik dar. Valentini und Bacciagaluppi schreiben pointiert:

> Today pilot-wave theory is often characterised as simply adding particle trajectories to the Schrödinger equation. [...] it was actually Schrödinger who removed the trajectories from de Broglie's theory. [20, S. 87]

Richtig bleibt jedoch, dass die Aufnahme der Theorie der Führungswelle unfreundlich war. De Broglie sah sich mit heftiger Kritik konfrontiert (siehe Abschnitt 2.3), während er gleichzeitig seine Theorie nur als provisorisches Modell ansah. Ihm schwebte eigentlich vor, die Teilchen als Singularitäten des ψ-Feldes zu deuten, sie also *nicht* als unabhängige Bestandteile einzuführen. Diese Faktoren trugen schließlich dazu bei, dass die Theorie gänzlich in Vergessenheit geriet. David Bohms Wiederentdeckung aus dem Jahre 1952 war vollkommen unabhängig.

In [21] stellt David Bohm (1917-1992) die Entstehungsgeschichte seiner Arbeit dar. Er hatte um 1950 ein Lehrbuch [22] zur Quantenmechanik abgeschlossen, in dem er – wie er selbst schreibt – den Gegenstand vom Standpunkt Niels Bohrs aus dargestellt hatte[4]. Dies wiederum sollte nicht zuletzt dem Zweck dienen,

---

[4] Ironischerweise diskutiert Bohm in diesem Buch auch die Unmöglichkeit einer Theorie »verborgener Variablen«. Wie dicht er in Interpretationsfragen der tatsächlichen Position Bohrs folgte, ist im Übrigen fraglich.

die subtilen Gedankengänge der Interpretationsfragen besser zu verstehen. Nach Beendigung dieses Unternehmens musste er sich jedoch eingestehen, dass gerade dieser Punkt immer noch zutiefst unbefriedigend erschien. Bohm führt in [21] weiter aus, dass sich in der Bohrschen Deutung die Quantenmechanik auf die Beschreibung und Vorhersage von »Beobachtungsdaten« beschränke – im Gegensatz zu unabhängigen Realitäten (»independent actualities«). Innerhalb der Kopenhagener Deutung der Quantenmechanik komme dem Zustand eines Quantensystems unabhängig von seiner Messung keine (bzw. eine kontrovers diskutierte) Bedeutung zu. Dem System können *ohne* Messung keine Werte für Ort, Impuls, Spin etc. zugeordnet werden. Die Frage, wo sich das Hüllenelektron während des Quantensprunges zwischen zwei diskreten Energieniveaus *befindet*, kann nicht nur nicht *beantwortet* werden, sondern ist in diesem Kontext noch nicht einmal *fragbar*. Dieser nicht objektivierbare Charakter unterscheide die Quantenmechanik grundlegend von der Relativitätstheorie. Wie im zuvor erwähnten Ballentine-Zitat weist Bohm darauf hin, dass dieser Konflikt auf die Spitze getrieben werde, wenn man den Gegenstandsbereich auf das ganze Universum ausdehne, also innerhalb der Kosmologie. Welche Bedeutung könne es hier haben, lediglich über »Beobachtungsdaten« zu sprechen, wenn jeder Beobachter und jedes Messgerät prinzipiell Teil des Systems seien?

Bohm schickte Kopien seines Buches unter anderem an Bohr selbst, Pauli und Einstein. Letzterer lud Bohm ein (sie waren zu diesem Zeitpunkt beide in Princeton), den Gegenstand zu diskutieren. Einstein bescheinigte Bohm, die bestmögliche Darstellung der orthodoxen Interpretation der Quantenmechanik geliefert zu haben – aber er sei immer noch nicht überzeugt. In dieser Diskussion reifte bei Bohm die Überzeugung, dass nach einer Vervollständigung der Quantenmechanik gesucht werden müsse und diese etwa an der Wentzel-Kramer-Brillouin-Näherung (WKB-Näherung) für quasiklassische Quantenzustände ansetzen könne. Diese Methode verwendet bereits die Nähe zwischen Schrödingergleichung und der Hamilton-Jacobi-Theorie, die in der ersten Formulierung der Bohmschen Mechanik eine wichtige Rolle spielt (siehe Abschnitt 4.1). Wir werden in Abschnitt 2.3 sehen, dass Einstein dennoch kein Anhänger der Bohmschen Mechanik wurde.

2.2.1 Die Rolle des Messproblems für die Entstehung der de Broglie-Bohm Theorie

Die Lösung des Messproblems wird allgemein als die wichtigste Eigenschaft der de Broglie-Bohm Theorie angesehen. Sie gehört dadurch in die Klasse der »no-collapse« Interpretationen und wird auch als eine »Quantentheorie ohne Beobachter« bezeichnet, da eben der Akt der Messung (»Beobachtung«) keine ausgezeichnete Rolle spielt. In den Arbeiten von John Bell wird sehr deutlich, dass diese Eigenschaft seine Beschäftigung mit der de Broglie-Bohm Theorie motivierte. Für die aktuellen Anhänger dieser Theorie gilt dies wohl ebenso.

Es ist also naheliegend, auch den Begründern dieser Theorie zu unterstellen, dass das ungelöste Messproblem ein wichtiger Antrieb ihrer Arbeit war. Für Louis de Broglie im Jahre 1927 kann dies natürlich nur sehr eingeschränkt gelten. In der Menge der ungeklärten Grundlagenfragen war zu diesem Zeitpunkt das »Messproblem« in der heutigen Form noch nicht scharf konturiert. Die klassische Referenz zu diesem Thema ist von Neumanns *Mathematische Methoden der Quantentheorie* aus dem Jahr 1932 mit dem »Kollapspostulat« zur Unterbindung eines unendlichen (von Neumannschen-) Regresses. Also sollte Bohms Arbeit aus dem Jahre 1952 dieser Frage breiten Raum geben. Von Neumanns Buch wurde zwar erst 1955 in einer englichen Ausgabe veröffentlicht, aber Bohm selber zitiert die deutsche Ausgabe in seinem (orthodoxen) Lehrbuch der Quantenmechanik aus dem Jahr 1951. Zudem wurde der Akt der Messung als echtes Problem spätestens durch Schrödingers »Katzenartikel« [16] aus dem Jahre 1935 hervorgehoben. Eine Arbeit von Henry Margenau aus dem Jahre 1936 [23] problematisiert den selben Zusammenhang.

Betrachtet man jedoch Bohms Veröffentlichungen aus dem Jahr 1952 (vor allem den Teil II), so findet sich zwar eine breite Diskussion des Messprozesses (in der wichtige Ergebnisse zur Dekohärenz antizipiert werden), aber kein Hinweis auf ein fundamentales »Messproblem« der üblichen Interpretation. Tatsächlich erwähnt Bohm an mehreren Stellen die »Konsistenz der üblichen Deutung« und verweist auf sein eigenes Lehrbuch für die Behandlung der Messung innerhalb der Quantenmechanik. Darin mag man natürlich auch eine rhetorische Strategie sehen. Im Text der Arbeit von 1952 motiviert er seine Untersuchung mit der Frage, ob die Wellenfunktion notwendig die *vollständige* Beschreibung eines Zustandes darstelle. Dies scheint eher an die Fragestellungen des Einstein-Podolsky-Rosen Papers aus dem Jahre 1935 anzuschließen – und tatsächlich waren Bohms Veröffentlichung aus dem Jahr 1952 ja auch Gespräche mit Einstein in Princeton vorausgegangen. Bohms eigene Darstellung zur Entstehungsgeschichte seiner Theorie in [21, S. 33ff], die wir im letzten Abschnitt bereits zitiert haben, betont hingegen die problematische Rolle der »Messung« – allerdings ist diese Darstellung mit einer zeitlichen Distanz von 35 Jahren geschrieben worden.

Die Geschichte bekommt nun eine verblüffende Wendung. Nach Angaben von Jeffrey Bub [24] hat Bohm das Messproblem erst Anfang der 60er Jahre kennen gelernt – zumindestens in der Form des Grundlagenproblems der Quantenmechanik, wie es die aktuelle Diskussion dominiert. Zu diesem Zeitpunkt war Bub Doktorand bei Bohm am Birkbeck College und auf der Suche nach einem Thema für seine Arbeit. Dabei stieß er auf Veröffentlichungen zum Messproblem (unter anderem auf die bereits erwähnte Arbeit von Margenau). Ebenfalls in diese Zeit fällt die einflussreiche Veröffentlichung von Wigner [25]. In einem Seminarvortrag, so Bub, habe er diese – Bohm noch unbekannten – Ergebnisse vorgetragen. Aus Bubs Untersuchungen folgte schließlich die Arbeit »A Proposed Solution of the Measurement Problem in Quantum Mechanics by a Hidden Variable Theory«, die er 1966 zusammen mit Bohm veröffentlichte [26]. Sie beginnt programmatisch mit den Worten:

> The measurement problem in quantum mechanics is re-examined and
> it is shown that it cannot really be solved in a satisfactory way, within
> the framework of the usual interpretation of the theory.

Diese Arbeit stellt eine nicht-lineare Theorie vor, die eine dynamische Erklärung des Kollapses erlaubt. In gewisser Hinsicht gehört diese Arbeit damit zu den Wegbereitern für »spontane-Kollaps«-Theorien; etwa das GRW Modell [18]. Die frühe Arbeit von 1952 zitieren Bohm und Bub hier in einem kuriosen Zusammenhang. Sie stellen sie in eine Reihe von alternativen Deutungen, die aufgrund von »verschiedenen Unzulänglichkeiten« [26, S. 454] ohne Rezeption geblieben sind.

Die Rezeptionsgeschichte der Bohmschen Mechanik ist ohnehin verblüffend. Während ab den 60er Jahren zahlreiche Veröffentlichungen von Bell zu ihrer Popularisierung beitrugen (oder dies wenigstens versuchten) arbeitete Bohm bis Ende der 70er Jahre nicht mehr an diesem Thema. Einen großen Einfluss auf sein in den frühen 80er Jahren wieder erwachendes Interesse an der Theorie scheinen die ersten Computervisualisierungen der bohmschen Trajektorien gehabt zu haben [27]. Dies alles steht sicherlich auch in Zusammenhang mit der unfreundlichen frühen Aufnahme, die Bohms 52er Arbeit erfahren hat. Mit dieser frühen Rezeptionsgeschichte beschäftigt sich das nächste Unterkapitel.

2.3 Rezeption der Bohmschen Theorie

> Ein Gespräch setzt voraus, dass der Andere Recht haben könnte.
>
> Hans-Georg Gadamer

Die Arbeiten Bohms zur deterministischen Deutung der Quantenmechanik stießen auf teilweise heftige Kritik von prominenten Physikern wie Pauli, Einstein und Heisenberg. Bohm erfuhr, dass im Wesentlichen die selben Gedanken bereits 1927 von de Broglie vorgestellt worden waren[5]. In der ersten Diskussion dieses Gegenstandes auf der Solvay-Konferenz 1927 wurden jedoch Einwände von Pauli erhoben, die de Broglie selbst veranlassten, diese Theorie nicht weiter zu verfolgen[6]. Obwohl diese Kritik von Bohm ausgeräumt werden konnte (siehe etwa die Diskussion in [7]), entstand nun, 25 Jahre später, offensichtlich keine Atmosphäre, in der die Diskussion um die Deutung der Quantenmechanik wieder gänzlich aufgerollt werden konnte[7]. Etwa lesen wir bei Weizsäcker über ein Seminar unter

---

[5] Wolfgang Pauli bemerkt dazu in einem Brief an Rosenfeld vom 18.1.1955 [28, Brief 1980]: »I think, that it is really *unique*, that an author of a textbook of quantum mechanics never had even a small glance at the report of the Solvay meeting 1927. Every student here had heard at least the word ›pilot wave‹ connected with L. de Broglie [...]«

[6] De Broglie wurde in der Folge von Bohms Arbeiten jedoch wieder angeregt, auf diesem Gebiet zu arbeiten. Siehe etwa [29] für eine genauere Darstellung.

[7] In diesem Zusammenhang wird auch auf die sog. »Forman-Thesen« ein neues Licht geworfen: 1970 veröffentlichte der amerikanische Wissenschaftshistoriker Paul Forman eine Untersuchung über den Einfluss des kulturellen Milieus der Weimarer Republik auf die Interpretation der

der Leitung seines Lehrers Heisenberg im Wintersemester 1953/54, in dem auch Bohms Arbeiten behandelt wurden:

> Unsere Überzeugung, daß alle diese Versuche falsch seien, wurde durch das Seminar bestärkt. Aber wir konnten uns nicht verhehlen, daß der tiefste Grund unserer Überzeugung ein quasi ästhetischer war. Die Quantentheorie übertraf alle Konkurrenten in der für eine »abgeschlossene Theorie« kennzeichnenden einfachen Schönheit. [31]

Weizsäcker führt zwar fort, dass er dies nicht »gläubig akzeptiert«, sondern als Aufforderung verstanden habe, eine letztgültige Begründung zu suchen. Aber immerhin lesen wir an anderer Stelle (ibd. S. 560), dass eine weitere Beschäftigung mit Theorien »verborgener Variablen« nicht mehr stattfand und man lediglich »in Ruhe das Scheitern der Versuche« abgewartet habe. Häufig wird auch die Bemerkung Einsteins aus einem Brief an Max Born vom 12.5.1952 [32] zitiert:

> Hast Du gesehen, daß der Bohm (wie übrigens vor 25 Jahren schon de Broglie) glaubt, daß er die Quantentheorie deterministisch umdeuten kann? Der Weg scheint mir zu billig.

Ebenfalls kam es in den Jahren 1951 und 1952 zu einem längeren Briefwechsel zwischen Bohm und Pauli. Am 3.12.1951 macht Pauli darin das folgende minimale Zugeständnis an Bohm:

> I do not see any longer the possibility of any logical contradiction as long as your results agree completely with those of the usual wave mechanics and as long as no means is given to measure the values of your hidden parameters [...]. [28, Brief 1313]

Dieser Briefwechsel war jedoch recht einseitig, und im Januar 1952 beklagte sich Pauli bei Fierz über Bohms Briefe:

> Dieser schreibt mir Briefe wie ein Sektenpfaff, um mich zu bekehren – und zwar zur alten, von ihm aufgewärmten *theorie de l'onde pilote* von de Broglie (1926/27). Ich habe ihm zwar vorgeschlagen, unsere Korrespondenz vorläufig abzubrechen, bis er neue Resultate zu berichten habe, das hat aber nichts geholfen, es kommen fast täglich Briefe von ihm, oft mit Strafporto (er hat offenbar einen unbewussten Wunsch, mich zu bestrafen). [28, Brief 1337]

Es wäre also falsch zu behaupten, die Arbeiten Bohms seien ignoriert worden. Aufgrund dieser Zitate kann jedoch der fälschliche Eindruck entstehen, dass sich die Auseinandersetzung dieser Physiker mit Bohm in spöttischen und polemischen Bemerkungen erschöpfte. Tatsächlich fand ebenfalls eine inhaltliche Auseinandersetzung mit der Theorie statt. In [33] gibt Wayne Myrvold eine vergleichende Darstellung der inhaltlichen Kritik von Einstein, Pauli und Heisenberg mit diesem

---

Quantenmechanik [30]. Auch hier geht es um die Frage, wie zwingend die akausale Deutung ist, oder ob sie nicht auch Stimmungen des Zeitgeistes reflektiert.

Thema. Einstein begründete seine Zweifel an der Bohmschen Mechanik bereits 1953 in einer Festschrift für Max Born. Dort diskutiert er eine Anwendung der Bohmschen Mechanik, die auf reelle Eigenfunktionen führt (in Kapitel 7 werden wir ähnliche Systeme behandeln). Gemäß der Bohmschen Mechanik hat das Teilchen eine verschwindende Geschwindigkeit, d. h. es ruht an zufällig verteilten Orten. Dies schien Einstein inakzeptabel:

> Das Verschwinden der Geschwindigkeit widerspricht nämlich der wohlbegründeten Forderung, daß im Falle eines Makro-Systems die Bewegung mit der aus der klassischen Mechanik folgenden Bewegung angenähert übereinstimmen soll. (A. Einstein, zitiert nach [33])

Bohm erwiderte darauf (in derselben Festschrift, an der er auf Einladung Einsteins mitwirkte), dass seine Theorie alle experimentellen Befunde der Quantenmechanik reproduziere. Im Falle einer *Messung* des Impulses würde sich also sehr wohl ein nichtverschwindender Wert einstellen. Er zieht sich hier also ironischerweise auf denselben operationalen Standpunkt zurück, der häufig den Anhängern der orthodoxen Interpretation zur Rechtfertigung ihrer Position dient.

Wolfgang Paulis Kritik machte sich vor allem daran fest, dass die Bohmsche Mechanik eine explizite Auszeichnung des Ortes vornimmt (siehe dazu Kapitel 5). Die Symmetrie zwischen Ort und Impuls sei dadurch verletzt, obwohl keine von der Quantenmechanik abweichenden Vorhersagen gemacht würden.

Heisenberg schließlich kritisierte hauptsächlich, dass die Bohmsche Mechanik denselben deskriptiven Gehalt wie die Quantenmechanik hat:

> From the fundamentally *positivistic* (it would perhaps be better to say *purely physical*) standpoint, we are thus concerned not with counter-proposals to the Copenhagen interpretation, but with its exact repetition in a different language. (W. Heisenberg, zitiert nach [33])

Damit streitet Heisenberg der Bohmschen Mechanik den Rang einer eigenständigen physikalischen Theorie ab. Daraus alleine würde sich jedoch nicht die strikte Ablehnung der Bohmschen Mechanik erklären, die bereits im obigen Weizsäckerzitat angeklungen ist, schließlich wäre die Bohmsche Mechanik danach lediglich eine andere Formulierung derselben Theorie. Heisenberg bestreitet jedoch die Angemessenheit dieser Umformulierung. Ebenso wie Pauli bemängelt er die Asymmetrie zwischen Ort und Impuls sowie die Einführung der prinzipiell nicht nachweisbaren individuellen Teilchenbahnen.

Diese Vorwürfe wurden von Bohm sehr ernst genommen und veranlassten ihn sogar dazu, den Anspruch seiner eigenen Theorie stark zu relativieren:

> Heisenberg shows that he perhaps did not appreciate that the only purpose of this phase of the work was to show that an alternative to the Copenhagen interpretation is at least logically possible. (D. Bohm, zitiert nach [33])

Das Kapitel 9 ist einer ausführlichen Diskussion der Kritik an der Bohmschen Mechanik gewidmet. Dort werden auch diese frühen Argumente noch einmal aufgegriffen. Schon jetzt kann jedoch festgestellt werden, dass nach Myrvold [33] keiner der genannten Autoren die Nichtlokalität der Bohmschen Mechanik angreift.

Ein anderer Umstand, der sicherlich ebenfalls die Rezeption der Bohmschen Mechanik erschwerte, waren Bohms spätere Arbeiten auf dem Gebiet der Naturphilosophie. In ihnen wird die Nichtlokalität seiner Theorie mit den Konzepten »Holismus« und »implicate order« in Verbindung gebracht. Als Folge dieser Veröffentlichungen kam es sogar zu einer von ihm selbst unerwünschten Vereinnahmung Bohms von Teilen der *New Age-* und Esoterik-Bewegung.

2.4 Die Debatte um die Quantenmechanik

Als Folge all dessen fristet die Bohmsche Mechanik heute ein Nischendasein. Dies unterscheidet sie natürlich nicht von zahlreichen anderen spezialisierten Forschungsgebieten, insbesondere anderen Interpretationen der Quantenmechanik, wie z. B. der Viele-Welten-Theorie von Everett [35] oder dem stochastischen Kollapsmodell nach Ghirardi, Rimini und Weber [18]. Bedauern ihre Anhänger also die Tatsache, dass ihrer Theorie so wenig Beachtung zuteil wird, ist man vielleicht geneigt, dies als natürliche Selbstüberschätzung von Wissenschaftlern abzutun, die »ihr Gebiet« für besonders wichtig halten.

Tatsächlich ist es für einen Außenstehenden nicht unmittelbar einleuchtend, warum ausgerechnet die Bohmsche Mechanik in das Zentrum des Interesses gerückt werden sollte. Es gibt jedoch Gründe, in ihrer Geringschätzung das Symptom eines viel schwerwiegenderen Problems zu sehen. In seinem glänzenden Aufsatz *Die Kopenhagener Schule und ihre Gegner* [36] analysiert Erhard Scheibe einige Aspekte der Deutungsdebatte um die Quantenmechanik[8]. In der Einleitung (das Kapitel ist mit *Die Sünden der Physiker* überschrieben) schreibt er:

> Es geht auch darum, dass wir hier eine emotionalisierte Kontroverse über eine grundlegende Theorie der neueren Physik vor uns haben, in der neben sachlichen Argumenten auch so mancher Giftpfeil hin und her gewechselt wurde.

Scheibe geht es aber nicht um die Rekonstruktion der wissenschafts*soziologischen* Seite des Problems. Vielmehr versucht er, die wissenschafts*theoretischen* Aspekte der Auseinandersetzung zu beleuchten, um dadurch auch etwas »über die Sache selbst« zu lernen. Diese wissenschaftstheoretische Seite – so Scheibe weiter – sei ja auch viel interessanter als jene »überall anzutreffenden Querelen«. Im Folgenden weist er nach, dass in den Schriften Bohrs eine unglückliche Verquickung von *Aussagen* und *Behauptungen ihrer notwendigen Richtigkeit* anzutreffen ist. Will Bohr etwa mitteilen, dass er experimentelle Anordnungen klassisch beschreibt, so sagt er (N. Bohr, zitiert nach [36]):

---

[8] Seine Analyse die Bohmsche Mechanik betreffend ist ebenfalls scharf, allerdings durch den Umstand beeinträchtigt, dass neuere Entwicklungen auf diesem Gebiet unberücksichtigt bleiben.

2.4 Die Debatte um die Quantenmechanik

> Wie weit auch immer die Phänomene den Rahmen klassisch physikalischer Erklärung überschreiten, die Mitteilung jeglicher Evidenz *muss* in klassischen Begriffen ausgedrückt werden.

Die modale Bestimmung *muss* fügt der Aussage nichts hinzu. Es mag Gründe geben, sie zu treffen[9], diese sind aber inhaltlich von der gemachten Aussage zu unterscheiden. Zu dieser immer wiederkehrenden Vermischung bemerkt Scheibe:

> Sie ist aber äußerst missverständlich und nimmt die Hypothek des Anspruchs auf, dass hier am Ende die ihre eigene Notwendigkeit beweisende Theorie gefunden sei.

Dieser Punkt mag bei Bohrs Arbeiten noch als Frage des Stils abgetan werden, übersetzte sich aber unheilvoll in die Sekundärliteratur. Scheibe betont, dass die Behauptung der Notwendigkeit einer Aussage ihrem *Inhalt* nichts hinzufügt. Häufig formuliert sich Kritik an der Kopenhagener Deutung aber gerade an den »modalen Paraphrasen« Bohrs und Anderer. Scheibe belegt diese These mit einer Textstelle bei Ballentine [38]. Dieser klassifiziert Interpretationen der Quantenmechanik danach, ob sie die Anwendbarkeit nur auf statistische *Ensemble* oder auf *einzelne* Zustände behaupten. Von den statistischen Interpretationen[10] schreibt Ballentine, dass die Wellenfunktion das Ensemble »beschreibt«. Die anderen Theorien (darunter auch die Kopenhagener) behaupten hingegen eine »vollständige und erschöpfende Beschreibung« des Zustandes durch die Wellenfunktion. Offensichtlich ist es der Gebrauch der Formulierung »vollständige und erschöpfende Beschreibung«, der dieser Textstelle ihren besonderen Charakter verleiht. Die behauptete »Vollständigkeit« ist aber nicht *Teil*, sondern *Eigenschaft* der Beschreibung. Insofern handelt es sich um dieselbe Form von Missverständlichkeit wie bei Bohr, hier jedoch zur Vortäuschung eines zusätzlichen Unterschiedes.

Es muss also eigentlich zwischen einer Kopenhagener *Interpretation* und einer Kopenhagener *Philosophie* der Quantenmechanik unterschieden werden. Zur Ersteren gehört der Versuch einer »sauberen Theorieformulierung«, zur Letzteren hingegen metatheoretische Fragen der Vollständigkeit, Ersetzbarkeit durch andere Theorien etc. Zahlreiche Spannungen in der Diskussion sind nach Scheibe in einer nicht ausreichenden Trennung dieser Themenkreise begründet. Sein Aufsatz behandelt beide Problemfelder, wobei der Diskussionszusammenhang zu metatheoretischen Fragen durch die Namen Bohm und v. Neumann gekennzeichnet ist. Dazu Scheibe:

> Nach meinem Eindruck ist die durch diese Namen bezeichnete Gegnerschaft eine von wenigen, durch deren Analyse man auch einiges über die Quantentheorie selbst und das mit ihr erreichte Wirklichkeitsverständnis lernen kann. Und um mehr als das – dies sei als meine persönliche Überzeugung hinzugefügt – wird es ohnehin nicht gehen können.

---

[9] Selbstverständlich hat Bohr Gründe dafür gehabt und diese auch vertreten.
[10] In Abschnitt 3.3.2 werden wir diese Ensemble-Interpretation genauer betrachten.

In genau diesem Sinne versteht sich auch dieses Buch als ein Versuch, etwas über die Quantenmechanik zu lernen. Bohmsche Mechanik gewinnt ihre Bedeutung auch dadurch, dass sie es erlaubt, eine wissenschaftliche Debatte von einzigartiger Wichtigkeit zu rekonstruieren. Dass diese Debatte so emotionalisiert geführt wurde, hat seine Ursache natürlich auch gerade darin, dass sie die Aufklärung zentraler Begriffe von enormer Tragweite versuchte. Dennoch ist es bedauernswert, dass zuweilen unsachliche Argumente an die Stelle rationaler Auseinandersetzung traten.

2.5 John Bell und die Bohmsche Mechanik

Zu den wenigen prominenten Physikern, die eine Lanze für die Bohmsche Mechanik gebrochen haben, gehörte John Stewart Bell (1928-1990). Er wurde nicht müde, in Veröffentlichungen und Vorträgen seit den 60er Jahren, auf die Konsistenz und Klarheit der Bohmschen Mechanik hinzuweisen [12]. Der Ruhm Bells gründet sich auf den Beweis der nach ihm benannten Ungleichung, die wir in Abschnitt 6.2 ausführlich behandeln werden. Diese Arbeit war bahnbrechend für ein genaueres Verständnis der »Nichtlokalität« in der Quantenmechanik. Die Inspiration für diese Arbeit gewann Bell dabei aus der Beschäftigung mit der Bohmschen Mechanik [12]. Er liefert damit ein Musterbeispiel für die fruchtbare Rolle, die die Bohmsche Mechanik bei der Aufklärung von Grundlagenfragen der Quantenmechanik spielen kann. Über die Bohmsche Mechanik lesen wir bei Bell:

> This theory is equivalent experimentally to ordinary nonrelativistic quantum mechanics – and it is rational, it is clear, and it is exact, and it agrees with experiment, and I think it is a scandal that students are not told about it. Why are they not told about it? I have to guess here there are mainly historical reasons, but one of the reasons is surly that this theory takes almost all the *romance* out of quantum mechanics. This scheme is a living counterexample to most of the things that we tell the public on the great lessons of twentieth century science. [39]

Ebenfalls enthalten seine Arbeiten zu diesem Thema Ideen, die zu einer Weiterentwicklung dieser Theorie beigetragen haben. Es wäre aber nicht richtig, Bell als »Bohmianer« aufzufassen. Vielmehr empfand er ein tiefes Unbehagen an der herkömmlichen Deutung der Quantenmechanik, und die Bohmsche Mechanik war für ihn, ebenso wie spontane-Kollaps-Theorien, *ein* Ansatz zur Beleuchtung und Überwindung der konzeptionellen Schwierigkeiten der Quantenmechanik. Spätere Aussagen beweisen etwa, dass er die relativistische Verallgemeinerung der Bohmschen Mechanik als schwieriges Problem ansah [39].

Die Anhänger der Bohmschen Mechanik verwenden Bell nun häufig in zweifacher Hinsicht: Seine Kritik an der üblichen Deutung motiviert die Notwendigkeit einer alternativen Interpretation, und der Ausdruck seiner Wertschätzung adelt die Bohmsche Mechanik. Eine Lektüre seiner Arbeiten [12, 17, 39] erlaubt allerdings die Vermutung, dass ihm diese Form der Vereinnahmung für eine Seite nicht recht gewesen wäre. Das folgende Zitat offenbart seine differenziertere Haltung:

> I am not like many people I meet at conferences on the foundation of quantum mechanics [...] who have not really studied the orthodox theory [and] devote their lives criticizing it [...] I think that means they have not really appreciated the strength of the ordinary theory. I have a very healthy respect for it. (zitiert nach [40])

Sein Blick auf die Quantenmechanik war also sicherlich facettenreicher, als die Zitate aus dem besonders provokanten Artikel *Against measurement* [17] vermuten lassen.

Außerdem sollte nicht vergessen werden, dass Bohmsche Mechanik die Inkonsistenz der herkömmlichen Interpretation nicht voraussetzt. Ihre Berechtigung hat sie auch als eine von *mehreren* konsistenten Interpretationen, zumal ihre erkenntnistheoretischen Implikationen so radikal verschieden sind.

3 Quantenmechanik

In diesem Kapitel fassen wir summarisch einige Grundlagen der Quantenmechanik und ihrer Wahrscheinlichkeitsinterpretation zusammen. Damit können die in der Einleitung aufgestellten Behauptungen noch einmal konkretisiert werden. Vor allem dem Messprozess werden wir einige Aufmerksamkeit schenken.

Es wird an dieser Stelle keine systematische Darstellung des Formalismus der Quantenmechanik angestrebt. Unsere Auswahl ist durch die Begriffe bestimmt, die in der folgenden Diskussion von Bedeutung sind. Da unser Blick sich mehr auf konzeptionelle Fragen richtet, erlauben wir uns zudem eine gewisse Nachlässigkeit in der Notation: Zustände werden meist als ψ – also durch ihre Wellenfunktion im Ortsraum – bezeichnet. Bei einigen Überlegungen ist es aber nützlich, die Diracsche Bra-Ket Schreibweise zu verwenden: Es findet dann eine Identifikation der Zustände mit Hilbertraumvektoren statt: $\psi \to |\psi\rangle$ und $\psi^* \to \langle\psi|$. Eigenvektoren mit Eigenwert n werden als $|n\rangle$ bezeichnet. Damit ist $|x\rangle$ etwa der Zustand, der am Ort x scharf lokalisiert ist. Die Wellenfunktion im Ortsraum $\psi(x)$ ist also gerade $\langle x|\psi\rangle$. Für das Skalarprodukt $\int_{-\infty}^{+\infty} \psi^* \phi \, dV$ kann dann die suggestive Notation $\langle\psi|\phi\rangle$ verwendet werden.

Die Diskussion verwendet außerdem die Begriffe »Dichtematrix« und »gemischtes« bzw. »reines« Ensemble. Diese werden im Appendix A definiert und erläutert.

Notwendig streifen wir auch die komplexe und kontroverse Debatte um die Deutung der Quantenmechanik. A. Cabello hat in [41] eine Bibliographie für die Grundlagen der Quantenmechanik (sowie der Quanteninformationstheorie) zusammen getragen. Er kommt dabei – trotz subjektiver Auswahl – auf nicht weniger als 11232 Einträge. Daran erkennt man, dass die Darstellung dieses Problemkreises auch unter Gefahr wichtiger Auslassungen radikal verkürzt werden muss.

In einigen Darstellungen der Bohmschen Mechanik (etwa [4]) wird mit harscher Kritik an den konzeptionellen Grundlagen der Quantenmechanik nicht gespart. Dadurch wird der Eindruck erweckt, dass nur die Inkonsistenz der Quantenmechanik die Einführung dieser Theorie begründet. All Jene, die bezüglich der konzeptionellen Schwierigkeiten der Quantenmechanik weniger pessimistisch sind, finden dann allerdings keine weitere Veranlassung, sich mit Bohmscher Mechanik zu beschäftigen. Sie scheint ihnen schließlich nur dazu gut, ein Problem zu lösen, das sie selber gar nicht haben. Man beachte jedoch, dass Bohmsche Mechanik die Inkonsistenz der üblichen Quantenmechanik nicht voraussetzt. Ihre Berechtigung hat sie auch als eine von mehreren konsistenten Interpretationen der Quantenmechanik.

3.1 Grundlagen

Die Quantenmechanik beschreibt ein physikalisches System durch die im Allgemeinen komplexwertige Wellenfunktion $\psi(\vec{r}_1, \vec{r}_2, \ldots, \vec{r}_N, t)$. Der Definitionsbereich dieser Funktion ist eine Teilmenge des $\mathbb{R}^{3N+1}$. Mit anderen Worten beschreibt ψ *keine* Welle im üblichen Anschauungsraum, sondern ist auf dem »Konfigurationsraum« definiert. Im Vorgriff auf die Interpretation der Wellenfunktion als Wahrscheinlichkeitsamplitude, fordern wir von ψ, ein Element des Hilbertraumes der quadratintegrablen Funktionen zu sein[1] .

Die Wellenfunktion sowie ihre Zeitentwicklung gewinnt man als Lösung der Schrödingergleichung:

$$i\hbar \frac{\partial \psi}{\partial t} = \mathcal{H}\psi \qquad (3.1)$$

Dabei ist $\mathcal{H}$ der Hamiltonoperator und $\hbar$ die verbreitete Abkürzung für $\frac{h}{2\pi}$, mit dem Planckschen Wirkungsquantum $h = 6{,}63 \cdot 10^{-34} Js$. Im Falle eines Teilchens ohne Spin hat der Hamiltonoperator im Ortsraum die Form:

$$\mathcal{H} = -\left(\frac{\hbar^2}{2m}\right)\nabla^2 + V(\vec{r}) \qquad (3.2)$$

Das so beschriebene physikalische System wird also durch das Potential V charakterisiert.

Dynamische Variable (»Observable«) werden durch hermitesche Operatoren ($A^\dagger = A$) repräsentiert, die auf die Zustände wirken können. So haben z. B. die Operatoren für Ort und Impuls (im Ortsraum) die Darstellung $\hat{r} = r$ bzw. $\hat{p} = -i\hbar \nabla$. Aus diesen beiden Objekten (sowie Analogiebetrachtungen aus der klassischen Mechanik) können weitere Operatoren abgeleitet werden, etwa der Drehimpulsoperator als $\hat{L} = \hat{r} \times \hat{p}$. Der Hamiltonoperator 3.2 kann somit auch in der Form $\frac{\hat{p}^2}{2m} + V$ geschrieben werden, repräsentiert also die Energie des betreffenden Systems. Er ist eng mit der Zeitentwicklung der Wellenfunktion verknüpft: Im einfachen Fall eines zeitunabhängigen Hamiltonoperators ist die Zeitentwicklung der Wellenfunktion durch den Ausdruck $\psi_t = \psi_0 \cdot e^{-\frac{i}{\hbar}\mathcal{H}t}$ gegeben. Da der Operator $\mathcal{H}$ hermitesch ist, ist die Abbildung $U(t) = e^{-\frac{i}{\hbar}\mathcal{H}t}$ unitär ($U^\dagger = U^{-1}$). Die Zeitentwicklung der Zustände ist gemäß der Schrödingergleichung also duch eine unitäre Abbildung gegeben.

Die Eigenwerte der Operatoren sind die einzig möglichen Messwerte der Observablen, die sie repräsentieren. Der Zustand ψ erlaubt es, die Wahrscheinlichkeiten für den Ausgang einer Messung vorherzusagen. Wenn $|\psi\rangle = \sum c_n |n\rangle$ die Entwicklung des Zustandes nach Eigenfunktionen $\{|n\rangle\}$ eines Operators A ist, dann ist $|c_n|^2$ gerade die Wahrscheinlichkeit, für den Zustand bezüglich der zugehörigen Observable den Eigenwert n zu messen. Nach der Messung befindet sich das

---

[1] Erst dadurch bekommen die im Folgenden benötigten Begriffe »hermitesch« und »unität« eine Bedeutung.

System in diesem Eigenzustand. Diese Interpretation der Wellenfunktion als Wahrscheinlichkeitsamplitude wurde von Max Born im Jahre 1926 [42] vorgeschlagen. Borns Regel ist ein zentraler Bestandteil der Quantenmechanik, denn schließlich adressiert sie die Frage, welcher Zusammenhang zwischen Theorie und Experiment besteht. Man beachte, dass die Quantenmechanik nur Wahrscheinlichkeitsaussagen trifft.

Durch diese Wahrscheinlichkeitsinterpretation ist es nahe liegend, mit Erwartungswert und Varianz die üblichen Begriffsbildungen der Statistik einzuführen. Den Erwartungswert der A-Messung (bei der mit Wahrscheinlichkeit w_i der Ausfall a_i auftritt) kann man mit Hilfe des Skalarprodukts $\langle \cdot | \cdot \rangle$ wie folgt schreiben:

$$\sum a_i w_i = \langle \psi | A | \psi \rangle$$

Die Varianz, also die mittlere quadratische Abweichung vom Erwartungswert, hat in der quantenmechanischen Schreibweise die folgende Darstellung:

$$(\Delta A)^2 = \langle \psi | (A - \langle \psi | A | \psi \rangle)^2 | \psi \rangle$$

ΔA bezeichnet man in der Quantenmechanik typischerweise als »Unschärfe« (und nicht als Standardabweichung, wie in der Statistik). Für das Produkt der Unschärfe zweier Operatoren A und B kann man folgende Ungleichung herleiten [135, S. 228]:

$$\Delta A \cdot \Delta B \geq \frac{1}{2} |\langle \psi | [A, B] | \psi \rangle| \qquad (3.3)$$

Hier bezeichnet $[A, B] = AB - BA$ den *Kommutator* der betreffenden Operatoren. Man erkennt, dass im Allgemeinen das Produkt dieser Unschärfen nicht beliebig klein ist. Falls $[A, B] \neq 0$ gilt, können die betreffenden Operatoren also nicht gleichzeitig einen scharfen Messwert besitzen. Prominentes Beispiel sind die Operatoren für Ort und Impuls, deren Kommutator für jede Komponente $[\hat{x}, \hat{p}_x] = i\hbar$ beträgt. Aus Gleichung 3.3 folgt dann unmittelbar die Unschärferelation für (jede Komponente von) Ort und Impuls:

$$\Delta x \Delta p_x \geq \frac{\hbar}{2} \qquad (3.4)$$

Es gilt auch die Umkehrung: Wenn $[A, B] = 0$ ist, besitzen A und B eine gemeinsame Basis aus Eigenvektoren. Es gibt dann also Zustände, die bezüglich beider Operatoren einen scharfen Wert haben.

3.2 Das Messproblem

Das »Messpostulat«, nach dem $|c_n|^2$ die Wahrscheinlichkeit für das Messergebnis $|n\rangle$ angibt, gehört zu den Grundannahmen der Quantenmechanik. Wahlweise wird es als »Regel« oder »Axiom« dem Formalismus hinzugefügt.

Natürlich stellt sich die Frage, ob diese Annahme widerspruchsfrei getroffen werden kann. Der Akt der Messung scheint eine Zustandsänderung $|\psi\rangle \to |n\rangle$ zu induzieren, die auch als Kollaps bzw. Reduktion der Wellenfunktion bezeichnet wird. Diese Zustandsänderung ist nichtunitär und wird im Besonderen nicht durch die Schrödingergleichung beschrieben. Es ist zu klären, ob diese beiden verschiedenen Formen der Zeitentwicklung miteinander verträglich sind, oder anders ausgedrückt, was eine Messung eigentlich genau ist.

Das sog. »Messproblem« der Quantenmechanik entsteht, wenn man ihre universelle Gültigkeit behauptet.[2] Dann können nämlich prinzipiell sowohl der Gegenstand der Messung als auch der Messapparat in die quantenmechanische Beschreibung eingeschlossen werden. In schematischer Form kann dies etwa auf die folgende Weise geschehen: Seien ψ_1 und ψ_2 die beiden Eigenzustände einer zweiwertigen Observablen sowie Φ_1 und Φ_2 die Zustände eines Messgerätes nach Messung von jeweils einem dieser ψ_i. Φ_0 sei der Anfangszustand des Messgerätes (»Nullstellung« des Zeigers). Damit unser Apparat überhaupt als Messgerät für besagte Eigenschaften fungieren kann, müssen folgende Beziehungen gelten[3]:

$$\hat{U}(\psi_1 \otimes \Phi_0) = \psi_1 \otimes \Phi_1$$
$$\hat{U}(\psi_2 \otimes \Phi_0) = \psi_2 \otimes \Phi_2$$

$\hat{U}$ bezeichnet die Zeitentwicklung des betreffenden Systems unter der Wechselwirkung mit dem Messgerät. Diese unitäre Transformation kann aus dem Hamiltonoperator der Messwechselwirkung abgeleitet werden[4].

Im Allgemeinen wird sich ψ jedoch in einer Überlagerung der Eigenzustände befinden, also: $\psi = c_1\psi_1 + c_2\psi_2$ mit Koeffizienten $c_i \in \mathbb{C}$, die die Normierungsbedingung $|c_1|^2 + |c_2|^2 = 1$ erfüllen. Aufgrund der Linearität der Schrödingergleichung wird der Zustand am Ende der Messung also folgende Gestalt haben:

$$\hat{U}(\psi \otimes \Phi_0) = c_1\psi_1 \otimes \Phi_1 + c_2\psi_2 \otimes \Phi_2 \qquad (3.5)$$

Dies ist ein für die Quantenmechanik typischer Überlagerungszustand – diesmal jedoch für makroskopisch verschiedene Anzeigen des Messgerätes. Die Zustände Φ_1 und Φ_2 repräsentieren z. B. verschiedene Zeigerstellungen oder Ähnliches[5]. Da es sich bei 3.5 nicht um einen Eigenzustand des Messgerätes handelt, scheint die Quantenmechanik im Widerspruch zum Experiment vorauszusagen, dass das Messgerät keinen definierten Wert anzeigt. Eine Beschreibung des Messvorgangs vollständig innerhalb der Quantenmechanik trifft also auf Schwierigkeiten, da die

---

[2] Da die Quantenmechanik in der Regel als fundamentale Theorie aufgefasst wird, ist diese Annahme sogar sehr naheliegend.

[3] Wir treffen die spezielle Annahme, dass das Messgerät sich in einem reinen Zustand befindet. Außerdem betrachten wir eine »ideale« Messung, bei der der Objektzustand sich durch die Messwechselwirkung nicht ändert. Auf diese Annahmen kann verzichtet werden, ohne dass sich die Schlussfolgerung unseres Argumentes ändert [38].

[4] Es gilt im Falle eines abgeschlossenen Systems etwa $U(t) = \exp\left(-\frac{i}{\hbar}\mathcal{H}t\right)$. Im Falle eines zeitabhängigen Hamiltonoperators hat U im Allgemeinen keine geschlossene Darstellung [38].

[5] Frei nach Schrödinger darf man auch an eine tote bzw. lebendige Katze denken.

unitäre Zeitentwicklung der Schrödingergleichung auf Zustände führt, die in der Realität nicht vorkommen. Dieser Sachverhalt bezeichnet das »Messproblem« der Quantenmechanik.

Den Kollaps der Wellenfunktion an dieser Stelle ad-hoc zu postulieren, stellt nicht eigentlich eine Lösung, sondern nur das Eingeständnis des Messproblems dar. Durch ihn wird das Problem auf die Frage verschoben, welche Wechselwirkung den Rang einer »Messung« hat und somit nicht durch die Schrödingergleichung beschrieben wird.

Der folgende Abschnitt diskutiert Versuche, das Messproblem zu lösen, und wird uns in die Deutungsdebatte der Quantenmechanik führen. Es soll jedoch schon an dieser Stelle betont werden, dass die »Störung« des Systems durch den Akt der Messung keine Lösung des Problems darstellt. Erstens wird diese Wechselwirkung quantenmechanisch wieder durch eine unitäre Zeitentwicklung beschrieben – erzeugt also nur neue Überlagerungen. Zweitens zeigt das EPR-Experiment (siehe Kapitel 6), dass auch ohne jede Wechselwirkung eine messbare Korrelation erzeugt werden kann!

Eine weitere Anmerkung sollte an dieser Stelle gemacht werden: Die relativistische und quantenfeldtheoretische Verallgemeinerung der Quantenmechanik hat dieses Grundlagenproblem weder gelöst noch aufgehoben. Tatsächlich stellt sich das Messproblem für diese relativistischen Theorien in unverminderter Schärfe (siehe etwa [138, S. 169] oder [139]). Dies ist ein Hauptmotiv für die Entwicklung »Bohm-artiger« Quantenfeldtheorien, die hier ebenfalls eine Lösung anbieten. Einen kurzen Überblick über diese Ansätze geben wir in Kapitel 8.

3.3 Interpretation der Quantenmechanik

Jeder mathematische Formalismus zur Beschreibung physikalischer Vorgänge ist Gegenstand einer »Interpretation«, d. h. einer Betrachtung, welche physikalische Entsprechung und Bedeutung die mathematischen Terme der Theorie haben. Dies gilt für die Theorien der klassischen Physik ebenso wie für die Relativitätstheorie oder die Quantenmechanik. Im Falle der Quantenmechanik ist jedoch besonders deutlich empfunden worden, dass ein radikal verändertes Wirklichkeitsverständnis mit ihr verbunden ist.

Im Folgenden werden zwei einflussreiche Interpretationen der Quantenmechanik behandelt und im Besonderen ihre Stellung zum Messproblem diskutiert.

3.3.1 Die Kopenhagener Deutung

Die sog. Kopenhagener Deutung gilt als die Standard-Interpretation der Quantenmechanik. Man betrachtet sie im Allgemeinen als das Ergebnis von Diskussionen, die Bohr, Heisenberg und andere Mitarbeiter aus dem Kopenhagener Umfeld Ende der 20er Jahre geführt haben. Allerdings ist ihr exakter Inhalt an keiner Stelle klar fixiert worden. Kompliziert wird die Situation dadurch, dass die Äußerungen von z. B. Bohr und Heisenberg zur Interpretation der Quantenmechanik sich in wichtigen Fragen widersprechen. In der Arbeit *Who Invented the Copenhagen Interpretation? A Study in Mythology* [43] untersucht Don Howard ihre Entstehungsgeschichte. Seine These lautet, dass die Vorstellung einer kohärenten Interpretation, die aus den Diskussionen in Bohrs Umfeld in Kopenhagen hervorgegangen sei, eine »Erfindung« von Werner Heisenberg aus den 50er Jahren sei. Das, was man üblicherweise unter der Kopenhagener Deutung versteht, gibt an einigen Stellen alleine Heisenbergs Position wieder[6]. Konsequenterweise lehnen wir uns in der folgenden Darstellung eng an den Heisenbergschen Aufsatz *Die Kopenhagener Deutung der Quantentheorie* [44] an.

Heisenberg beginnt seine Darstellung mit folgenden Worten:

> Die Kopenhagener Deutung der Quantentheorie beginnt mit einem Paradoxon. Jedes physikalische Experiment, gleichgültig, ob es sich auf Erscheinungen des täglichen Lebens oder auf Atomphysik bezieht, muß in den Begriffen der klassischen Physik beschrieben werden. [...] Trotzdem ist die Anwendbarkeit dieser Begriffe begrenzt durch die Unbestimmtheitsrelationen. [44, S. 42]

Während man also in der klassischen Physik im Prinzip die Position *und* den Impuls eines Himmelskörpers bestimmen könne, um mit Hilfe der Newtonschen Mechanik seine weitere Bewegung zu berechnen, wird in der Quantenmechanik die Zustandsbeschreibung immer die Ungenauigkeit gemäß der Unschärferelation enthalten. Diese prinzipielle Ungenauigkeit findet ihren Ausdruck in der mathematischen Formulierung der Quantenmechanik mit Hilfe einer Wahrscheinlichkeitsfunktion (bzw. Wellenfunktion). Die Quantenmechanik erlaubt nun, aus der Wahrscheinlichkeitsfunktion des Anfangszustandes, die entsprechende Wahrscheinlichkeitsfunktion zu einem beliebigem späteren Zeitpunkt zu berechnen. Jedoch schränkt Heisenberg ein:

> Es muß betont werden, daß die Wahrscheinlichkeitsfunktion nicht selbst einen Ablauf von Ereignissen in der Zeit darstellt. Sie stellt etwa eine Tendenz zu Vorgängen, die Möglichkeit für Vorgänge oder unsere Kenntnis von Vorgängen dar. [44, S. 44]

Erst durch eine erneute Messung oder Beobachtung wird die »Wahrscheinlichkeitsfunktion mit der Wirklichkeit verbunden«. Das Resultat dieser Messung sei jedoch wieder in der Sprache der klassischen Physik anzugeben. Zwischen der ersten Beobachtung (bzw. Präparation des Zustandes) und der erneuten Messung liegt eine Phase, die Heisenberg mit den folgenden Worten charakterisiert:

> Es ist unmöglich, anzugeben, was mit dem System zwischen der Anfangsbeobachtung und der nächsten Messung geschieht. [44, S. 45]

---

[6] Im Gegensatz zu Heisenberg gibt es bei Bohr z. B. keinen Hinweis auf den »Kollaps« der Wellenfunktion und ihre subjektive Bedeutung. Eine Skizze der Bohrschen Lesart findet sich ebenfalls in [43].

3.3 Interpretation der Quantenmechanik

Die Schwierigkeit, anzugeben, was zwischen zwei Messungen erfolgt, begründet Heisenberg im Folgenden mit der sowohl teilchen- als auch wellenhaften Natur von Materie. Der Widerspruch zwischen diesen beiden Beschreibungsformen wird gerade dadurch vermieden, dass man die Grenzen beachtet, die durch die Unschärferelation gesetzt sind. Heisenberg weiter:

> Daher hat Bohr den Gebrauch beider Bilder empfohlen, die er als *komplementär* zueinander bezeichnet. Die beiden Bilder schließen sich natürlich aus [...]. Aber die beiden Bilder ergänzen sich; wenn man mit beiden Bildern spielt, indem man von einem Bild zum anderen übergeht und wieder zurück, so erhält man schließlich den richtigen Eindruck von der merkwürdigen Art von Realität, die hinter unseren Atomexperimenten steckt. [44, S. 48f]

Der Begriff der Komplementarität charakterisiert dabei nicht nur das Verhältnis von Welle zu Teilchen bzw. Impuls und Ort. Die Möglichkeit einer raumzeitlichen Beschreibung sei ebenfalls komplementär zu einer kausal-deterministischen Beschreibung. Dies erlaubt Heisenberg nun, die Stellung der Messung zu präzisieren:

> Durch die Beobachtung wird eine raum-zeitliche Beschreibung erzwungen. Aber sie unterbricht den durch die Rechnung bestimmten Ablauf der Wahrscheinlichkeitsfunktion, indem sie unsere Kenntnis des Systems ändert. [44, S. 49]

Dies setzt die Quantenmechanik natürlich dem Vorwurf aus, »daß die Beobachtung eine entscheidende Rolle bei dem Vorgang spielt und daß die Wirklichkeit verschieden ist, je nachdem, ob wir sie beobachten oder nicht« [44, S. 53]. Der Einfluss der Beobachtung reflektiere jedoch den Umstand, dass die quantenmechanische Beschreibung auch unsere *Kenntnis* des Systems beinhalte. Mit Heisenbergs Worten:

> Da sich durch die Beobachtung unsere Kenntnis des Systems unstetig geändert hat, hat sich auch ihre mathematische Darstellung unstetig geändert, und wir sprechen daher von einem »Quantensprung«. [44, S. 55]

Die Quantenmechanik räume in dieser Hinsicht mit der Illusion auf, »daß wir die Welt beschreiben können [...], ohne von uns selbst zu sprechen« [44, S. 56]. Deshalb, so Heisenberg weiter, sei die gelegentlich erhobene Forderung nach einer Abänderung der physikalischen Begriffe zu einer angemesseneren Beschreibung der Quantenphänomene auch unsinnig. Der Gebrauch dieser Begriffe, die sich aus der allgemeinen geistigen Entwicklung der Menschheit ergeben haben, sei notwendige Bedingung, um sich überhaupt verständigen zu können.

Man kann also zusammenfassen, dass nach Heisenberg der Kern aller Deutungsprobleme der Quantenmechanik darin liegt, physikalische Begriffe anwenden zu *müssen*, die aus einem anderen Erfahrungsbereich – dem der klassischen Physik – stammen. Die Anwendbarkeit dieser klassischen Begriffe ist jedoch durch die Unschärferelation begrenzt. Dadurch wird der Status der Wellenfunktion kompliziert:

> Die Wahrscheinlichkeitsfunktion beschreibt, anders als das mathematische Schema der Newtonschen Mechanik, nicht einen bestimmten Vorgang, sondern, wenigstens hinsichtlich des Beobachtungsprozesses, eine Gesamtheit von möglichen Vorgängen. [44, S. 55]

Nach dieser Lesart muss kein physikalischer Mechanismus gefunden werden, der den Zustand 3.5 in die Wellenfunktion des tatsächlichen Messergebnisses überführt. Der Kollaps ist nämlich lediglich eine Folge unserer Beschreibung, und der Einfluss der Messung ist nicht *ontologisch*, sondern *epistemologisch* zu deuten. Die Quantenmechanik hat nach dieser Deutung nicht den Anspruch, auszusagen, wie die Welt »wirklich« ist, sondern sie trifft nur Aussagen über ihre Eigenschaften, wenn wir sie in raum-zeitlichen Begriffen beschreiben.

Durch die Reduktion auf Beobachtungsdaten wird die Kopenhagener Deutung häufig in die Nähe des Positivismus gerückt – und zwar sowohl von Anhängern als auch Gegnern dieser Interpretation. Weizsäcker widerspricht dieser Lesart entschieden, bezieht sich hier allerdings auf Äußerungen Bohrs:

> Wenigstens die naiveren unter den positivistischen Schulen waren der Ansicht, es gebe schlicht so etwas wie Sinnesdaten, und die Wissenschaft bestehe darin, diese miteinander zu verknüpfen. Bohrs Pointe ist, daß Sinnesdaten keine elementaren Daten sind; daß vielmehr das, was er Phänomene nennt, nur im vollen Zusammenhang dessen gegeben ist, was wir gewöhnlich die Wirklichkeit nennen, und was durch Begriffe beschrieben werden kann; und schließlich, daß diese Begriffe gewissen Bedingungen genügen, welche Bohr als charakteristisch für die klassische Physik ansah. [45, S. 227]

Das Insistieren der Kopenhagener Deutung auf der Unmöglichkeit einer anschaulichen Beschreibung von Quantenvorgängen scheint zwar, so Weizsäcker weiter, der Machschen Forderung zu entsprechen, keine Dinge »hinter« den Phänomenen zu erfinden. Im Gegensatz zum Positivisten Mach postuliert Bohr die Dinge jedoch »in« den Phänomenen. Nach Weizsäcker ist dies in großer Nähe zur Kantschen Vorstellung, »daß der Objektbegriff eine Bedingung der Möglichkeit von Erfahrung ist« [45, S. 228].

3.3.2 Die Ensemble-Interpretation

Die Kopenhagener Deutung ist dafür kritisiert worden, dass sie keine durchgängig quantenmechanische Beschreibung des Messvorganges liefert. Der Anspruch als fundamentale Naturbeschreibung ist damit nur schwer zu vereinbaren. Die vermutlich treffendste Formulierung dieses Sachverhalts geben Landau und Lifschitz [57, Band 3, S. 3]:

> Die Quantenmechanik nimmt also eine sehr eigenartige Stellung unter den physikalischen Theorien ein: Sie enthält die klassische Mechanik

als Grenzfall und bedarf gleichzeitig dieses Grenzfalles zu ihrer eigenen Begründung.

Eine davon abweichende Interpretation, die keinen Bezug auf eine klassisch zu beschreibende Umgebung nimmt, ist von Ballentine vorgeschlagen worden. Ausgangspunkt seiner Überlegungen ist die Frage, was genau durch die Wellenfunktion ψ bzw. den Zustandsvektor $|\psi\rangle$ beschrieben wird. Er unterscheidet zwei mögliche Sichtweisen [38, S. 175]:

A   Ein reiner Zustand $|\psi\rangle$ beschreibt ein *individuelles* System.

B   Ein reiner Zustand $|\psi\rangle$ beschreibt die statistischen Eigenschaften einer *Menge* (bzw. eines »Ensembles«) von identischen Systemen.

Nach Ballentine führt eine Anwendung der Quantenmechanik auf den Messvorgang in Kombination mit Sichtweise A unweigerlich zum Messproblem. Die Kopenhagener Deutung, die nach Ballentine Position A vertritt, entgeht diesem Schluss nur dadurch, dass sie der Wellenfunktion gar keinen objektiven Status einräumt. Ballentine vertritt die Auffassung B, die er »Statistische-Interpretation« bzw. »Ensemble-Interpretation« nennt. Diese Interpretation der Quantenmechanik ist übrigens in großer Nähe zu den Ideen Einsteins. Eine der ersten systematischen Darstellungen wurde von Ballentine 1970 [47] gegeben.

In welchem Sinne wird dadurch jedoch das Messproblem gelöst? Durch diese Interpretation der Wellenfunktion gewinnt die Gleichung 3.5 eine neue Bedeutung: Nun wird nicht mehr ein paradoxes *einzelnes* Messgerät beschrieben, das verschiedene Zeigerstellungen gleichzeitig anzeigt. Vielmehr beschreibt nun Gleichung 3.5 lediglich die *statistischen* Eigenschaften einer großen Zahl identisch präparierter Messanordnungen. Die wiederholte Messung ergibt – gemäß der Bornschen Regel – mit der Wahrscheinlichkeit $|c_i|^2$ den Ausgang i. Über den Zustand einzelner Objekte wird *keine* Aussage getroffen und das Konzept des »Kollaps der Wellenfunktion« wird überflüssig. Da die Quantenmechanik aber ohnehin nur Wahrscheinlichkeitsaussagen trifft, können ihre Vorhersagen auch nur mit Hilfe einer großen Zahl identisch präparierter Anordnungen überprüft werden. Jeder Versuch, die Anwendung der Quantenmechanik auf einzelne Objekte auszudehnen, führt nach dieser Lesart zu Paradoxien, ist aber zum Glück auch unnötig. Nach diesem Verständnis ist es unzulässig, etwa *einzelne* Elektronen als unscharf lokalisierte Objekte zu denken. *Einzelne* Elektronen sind nämlich gar nicht Gegenstand der Beschreibung. In vielen Zusammenhängen ist dieser Sachverhalt ohnehin unstrittig. Die Lebensdauer eines instabilen Teilchens wird zum Beispiel immer als statistische Eigenschaft einer großen Menge der entsprechenden Teilchen ausgesprochen. Der Vorwurf, dass Quantenmechanik nicht erklärt und verständlich mache, was »eigentlich« passiert, hat hier vermutlich seinen Kern.

Diese Lösung des Messproblems erscheint vielen jedoch als unbefriedigend, da sie durch eine Einschränkung des Gegenstandsbereichs der Theorie erfolgt. Die »Lösung«, die die Ensemble-Interpretation für das Messproblem anbietet, besteht im Kern ja in dem Eingeständnis, dass die Quantenmechanik keine Beschreibung individueller Prozesse (und damit auch einzelner Messungen) leistet.

Im Folgenden beleuchten wir noch einige andere interessante Aspekte dieser Interpretation der Quantenmechanik.

Dekohärenz

Das Messproblem besteht im Wesentlichen in der Interpretation von Überlagerungszuständen. Die Quantenmechanik kennt jedoch zwei qualitativ verschiedene Formen der Superposition: kohärente und inkohärente Überlagerungen. Kohärente Überlagerungen sind durch das Auftreten von Interferenzeffekten charakterisiert, wohingegen bei inkohärenten Überlagerungen die Phasenbeziehung verloren gegangen ist (siehe Appendix B). In vielen Zusammenhängen kommt es jedoch durch die Wechselwirkung mit der Umgebung zu sog. »Dekohärenzeffekten«. Durch diese wird die ursprüngliche Dichtematrix eines reinen Zustandes in eine *näherungsweise* diagonale Dichtematrix für gemischte Zustände überführt[7]. Auf dem Gebiet der Dekohärenz findet rege Forschungstätigkeit statt und viele Autoren verbinden mit diesem Ansatz die Hoffnung, auch Grundlagenfragen der Quantenmechanik aufklären zu können. Für eine Einführung in diese Arbeiten siehe etwa [48, 49, 50, 51].

Man beachte jedoch, dass vernachlässigbare Interferenz zwischen den makroskopisch verschiedenen Ergebnissen in einer Anwendung der Quantenmechanik auf einzelne Zustände *keine* Lösung des Messproblems bedeutet. Schließlich besteht das Messproblem im Kern darin, die Superposition für *einzelne* makroskopische Zustände zu interpretieren. Diese Schwierigkeit ist aber unabhängig davon, ob diese Überlagerung kohärent (d. h. mit Interferenztermen) oder inkohärent ist. Der Dekohärenzansatz alleine stellt somit keine Lösung des Messproblems dar [52].

Welle-Teilchen-Dualismus

Im Prinzip trifft die Ensemble-Interpretation keine Aussagen über die Natur der einzelnen Ensemble-Mitglieder. Die Bedeutung der Wellenfunktion als Werkzeug zur Berechnung der statistischen Verteilung der betrachteten Merkmale legt jedoch einen spezifischen Blick auf den sog. Welle-Teilchen-Dualismus der Materie nahe. In [38, 47] betont Ballentine, dass es irreführend ist, Quantenobjekten auch Welleneigenschaften zuzuordnen. Zu diesem Missverständnis wird man durch die mathematische Struktur der Schrödingergleichung als Wellengleichung eingeladen. Deren Lösungen sind jedoch auf dem *Konfigurationsraum* definiert und beschreiben somit keine Wellen im üblichen Sinne. Nur im speziellen Einteilchen-Fall, wenn Orts- und Konfigurationsraum zusammenfallen, gelingt die

---

[7] Insofern die Arbeiten zur Dekohärenz die Umgebung von System und Messapparat quantenmechanisch beschreiben – d. h. weiterhin eine unitäre Zeitentwicklung betrachten –, bleibt eine *globale* Kohärenz auch hier erhalten. Die Dekohärenz bezieht sich auf die *reduzierte* bzw. *lokale* Dichtematrix der betrachteten Teilsysteme.

naive Identifikation des Quantenobjektes mit »Materiewellen« der de Broglie-Wellenlänge $\lambda = h/p$. Für ein N-Teilchen System beschreibt $|\psi(\vec{r}_1, \vec{r}_2, \ldots, \vec{r}_N)|^2$ jedoch die Wahrscheinlichkeitsdichte, das 1. Teilchen am Ort $\vec{r}_1$, das 2. Teilchen am Ort $\vec{r}_2$ usf. anzutreffen. Nach Ballentine kann also sehr wohl das Teilchenbild aufrechterhalten werden:

> [...] the Statistical Interpretation considers a particle to always be at some position in space, each position being realized with relative frequency $|\psi|^2$ in an ensemble of similarily prepared experiments. [47, S. 361]

Dies führt Ballentine zu der Feststellung:

> If the expression »wave-particle duality« is to be used at all, it must not be interpreted literally. [47, S. 362]

Der Wellencharakter ist nach dieser Sichtweise also *nicht* Eigenschaft der Quantenobjekte selbst, sondern nur ihrer Wahrscheinlichkeitsverteilung.

Determinismus

Sogar die Aussage, dass die Quantenmechanik indeterministisch ist, muss innerhalb der Ensemble-Interpretation relativiert werden. Bei Ballentine lesen wir [38]:

> Strictly speaking, quantum mechanics is silent on the question of determinism versus indeterminism: the absence of a prediction of determinism is not a prediction of indeterminism.

Schließlich sind die Wahrscheinlichkeitsaussagen der Quantenmechanik durch die Schrödingergleichung »determiniert« – und andere Aussagen werden nicht getroffen. Innerhalb der Ensemble-Interpretation ist es damit legitim und sogar nahe liegend, über Eigenschaften der Ensemble-Elemente zieloffen nachzudenken. Im Falle der Lebensdauer eines Teilchens ist mit der statistischen Vorhersage die Frage, ob das *individuelle* Verhalten tatsächlich indeterministisch ist, noch gar nicht berührt worden. Ebenso verhält es sich mit den Signalen von Elektronen hinter dem Doppelspalt, die in ihrer Gesamtheit schließlich das vorhergesagte Interferenzmuster bilden. Auch hier drängt sich die Frage auf, ob eine Beschreibung der *einzelnen* Prozesse möglich ist. Im Rahmen der Ensemble-Interpretation sind dies sinnvolle Fragen, die durch die Quantenmechanik nicht gestellt, geschweige denn beantwortet werden. Die Ensemble-Interpretation besitzt in diesem Sinne eine natürliche Affinität zu Theorien verborgener Variablen, bei denen die Dynamik der Ensemble-Mitglieder näher bestimmt wird.

3.4 Schlussfolgerungen

Wir haben argumentiert, dass die Analyse des Messproblems dazu zwingt, entweder den erkenntnistheoretischen Status der Wellenfunktion einer subtilen Analyse zu unterziehen (»Kopenhagener Deutung«) oder die Wellenfunktion nur als Repräsentation der statistischen Eigenschaften einer großen Menge identisch präparierter Zustände aufzufassen (»Ensemble-Interpretation«).

Aber natürlich berühren wir hier eine kontroverse Debatte, und zahlreiche Autoren behaupten entweder die *Unlösbarkeit* des Messproblems in der Quantenmechanik oder vertreten andere Lösungen als die hier diskutierten. Wir wollen und können diese verschiedenen Beiträge in der Debatte um das Messproblem hier nicht bewerten. Für eine genauere Diskussion siehe etwa [53, 51]. Zum Glück ist unsere Darstellung der Bohmschen Mechanik von diesen Interpretationsfragen nur indirekt berührt. Die konzeptionellen Schwierigkeiten der Quantenmechanik stellen schließlich nicht die einzige Motivation für die Bohmsche Mechanik dar.

Folgt man der Ensemble-Interpretation, ergibt sich jedoch eine elegante Motivation für die Beschäftigung mit der Bohmschen Mechanik. Dann gilt nämlich, dass für eine Beschreibung individueller Objekte und Prozesse der Rahmen der Quantenmechanik notwendig verlassen werden muss. Die Notwendigkeit dazu wird in Bereichen wie der Kosmologie besonders spürbar, da hier das Konzept des Ensembles identischer Objekte nicht mehr anwendbar ist.

Die Bohmsche Mechanik stellt genau solch einen Versuch der Theoriebildung über *Elemente* eines Ensembles dar. Im Rahmen dieser Theorie können die statistischen Aussagen der Quantenmechanik begründet werden. Es zeigt sich jedoch, dass in der Bohmschen Mechanik eine Umdeutung zentraler Konzepte der Quantenmechanik stattfindet. In diesem Sinne ist die Quantenmechanik nicht einfach in diesen umfassenderen Rahmen eingebettet.

4 Bohmsche Mechanik

In der Bohmschen Mechanik wird ein System nicht mehr durch die Wellenfunktion alleine beschrieben, sondern zusätzlich durch die Konfiguration, d. h. die Ortskoordinaten der »Quantenobjekte«. Diese werden also als »Teilchen« mit einem jederzeit definierten Ort aufgefasst. Die Wellenfunktion wird dabei genauso wie in der Quantenmechanik als Lösung der Schrödingergleichung gewonnen. Für die Zeitentwicklung der Teilchenorte tritt jedoch eine zusätzliche Gleichung auf, die sog. *guiding* (oder *guidance*) *equation*. Aus historischen Gründen haben diese zusätzlichen Bestimmungsstücke (nämlich die Teilchenorte) die Bezeichnung »verborgene Variable« erhalten[1].

Die Grundgleichungen der Bohmschen Mechanik sind also zum einen die Schrödingergleichung[2]:

$$i\hbar \frac{\partial \psi}{\partial t} = -\left(\frac{\hbar^2}{2m}\right) \nabla^2 \psi + V(\mathbf{r})\psi \qquad (4.1)$$

sowie die Bewegungsgleichung[3] (bzw. »guiding equation«) für den Teilchenort $Q(t)$:

$$\frac{dQ}{dt} = \frac{\hbar}{m} \Im\left(\frac{\nabla \psi}{\psi}\right) \qquad (4.2)$$

Hier bezeichnet $\Im$ den Imaginärteil. Schreibt man die Lösung der Schrödingergleichung in der Form $\psi(\mathbf{r}, t) = Re^{iS/\hbar}$, findet man für diese Gleichung auch:

$$\frac{dQ}{dt} = \frac{\nabla S(\mathbf{r},t)}{m}\bigg|_{\mathbf{r}=Q} \qquad (4.3)$$

Die Teilchenbewegung wird also durch die Phase S der Wellenfunktion geleitet. Existenz und Eindeutigkeit der Lösung von Gleichung 4.3 werden wir in Abschnitt 7.1 behandeln.

---

[1] »verborgen« sind diese Variablen natürlich nur innerhalb des üblichen Formalismus der Quantenmechanik. In [5] argumentiert Holland, dass im Wortsinn die »verborgenen Variablen« Bohms die eigentlichen Beobachtungsgrößen sind – etwa die punktförmigen Schwärzungen der Fotoplatte im Doppelspaltexperiment. Streng genommen ist die Wellenfunktion das eigentlich »verborgene« Objekt der Quantenmechanik.

[2] An dieser Stelle beschränken wir uns zunächst auf den 1-Teilchen Fall ohne Spin. Die (nahe liegende) Verallgemeinerung behandeln wir später.

[3] Der Ausdruck *Bewegungsgleichung* ist in der klassischen Physik für eine Beziehung vom Typ $m\frac{d^2r}{dt^2} = F$ reserviert. Die Bahnkurve der Bohmschen Mechanik wird im Gegensatz dazu durch eine Gleichung *erster* Ordnung definiert. Trotzdem erlauben wir uns diese Sprechweise. Die konzeptionellen Unterschiede zur klassischen Mechanik werden uns noch an zahlreichen Stellen beschäftigen.

Die Teilchenbahnen sind durch diese Bewegungsgleichung natürlich erst eindeutig festgelegt, wenn konkrete Anfangsbedingungen gegeben sind. Alle statistischen Vorhersagen der Quantenmechanik können reproduziert werden, wenn man für die Anfangsorte der Teilchen, die durch die Wellenfunktion ψ beschrieben werden, eine $|\psi|^2$-Verteilung wählt. Es drängt sich natürlich der Verdacht auf, dass dadurch das Deutungsproblem der Quantenmechanik nur verschoben wird. Dem Status dieser sog. Quantengleichgewichtshypothese ist deshalb ein eigener Abschnitt gewidmet (4.4).

Im Folgenden geben wir drei verschiedene Motivationen der Grundgleichung 4.3. Dieser Vergleich ist der Arbeit [9] entlehnt. Zuerst folgen wir Bohms Originalarbeit [3], dann einer Motivation nach Bell [12] und geben schließlich ein jüngeres Argument nach [10]. Alle diese Herangehensweisen haben ihre Stärken und Schwächen, und in ihrer Zusammenschau stellt sich unserer Meinung nach ein ausgewogenes Bild dar.

4.1 Motivation 1: Hamilton-Jacobi

In der 1. Motivation folgen wir der Originalarbeit Bohms [3]. Wir betrachten zunächst die Schrödingergleichung:

$$i\hbar \frac{\partial \psi}{\partial t} = -\left(\frac{\hbar^2}{2m}\right)\nabla^2 \psi + V(\mathbf{r})\psi \tag{4.4}$$

Mit dem Ansatz $\psi(\mathbf{r},t) = Re^{iS/\hbar}$ findet man für die reellwertigen Funktionen $R(\mathbf{r},t)$ und $S(\mathbf{r},t)$:

$$\frac{\partial R}{\partial t} = -\frac{1}{2m}[R\nabla^2 S + 2\nabla R \cdot \nabla S] \tag{4.5}$$

$$\frac{\partial S}{\partial t} = -\left[\frac{(\nabla S)^2}{2m} + V(\mathbf{r}) - \frac{\hbar^2}{2m}\frac{\nabla^2 R}{R}\right] \tag{4.6}$$

Diese Beziehung gewinnt man durch Trennen des Real- und Imaginärteils der Schrödingergleichung. Die gemischten Terme mit $\nabla R \cdot \nabla S$ entstehen durch Anwendung des Laplace Operators auf die Produktform des Ansatzes. Bevor wir diese Gleichungen genauer untersuchen, soll an 4.5 noch eine Umformung vorgenommen werden: Da wir wissen, dass $|\psi|^2 = R^2$ als Wahrscheinlichkeitsdichte eine besondere Stellung einnimmt, führen wir erstens die Bezeichnung $R^2 = \rho(\mathbf{r},t)$ ein, und leiten zweitens die Zeitentwicklung von $\rho(\mathbf{r},t)$ her. Man kann etwa die Beziehung $\frac{\partial \rho}{\partial t} = 2R\frac{\partial R}{\partial t}$ sowie Gleichung 4.5 verwenden. Wir finden nach einer einfachen Rechnung schließlich:

$$\boxed{\frac{\partial \rho}{\partial t} + \nabla\left[\rho\frac{\nabla S}{m}\right] = 0} \tag{4.7}$$

4.1 Motivation 1: Hamilton-Jacobi

Diese Gleichung ist aber gerade vom Typ einer Kontinuitätsgleichung für $\rho(\mathbf{r},t)$. Dies legt die Deutung von $\nabla S/m$ als Geschwindigkeit nahe, denn dann entspricht der Klammerausdruck gerade einem »Strom«(= Dichte · Geschwindigkeit).

Eine solche Interpretation ist noch aus einem anderen Grund nahe liegend. Wir folgen weiter der Argumentation von Bohm [3] und betrachten den klassischen Grenzfall von Gleichung 4.6. In diesem Fall ist die Schwankung in R viel kleiner als die in S, und man kann den Term $\frac{\hbar^2}{2m}\frac{\nabla^2 R}{R}$ vernachlässigen[4] [54]. Gleichung 4.6 hat dann gerade die Form:

$$\frac{\partial S}{\partial t} + \frac{(\nabla S)^2}{2m} + V(\mathbf{r}) = 0 \qquad (4.8)$$

Das geübte Auge erkennt darin aber sogleich die »Hamilton-Jacobi-Gleichung« (zur Bestimmung der Wirkung S) der klassischen Mechanik, und dort gilt $p = \nabla S$ bzw. $v = \nabla S/m$. Einen kurzen Exkurs in diesen Zweig der analytischen Mechanik geben wir in Appendix A. Der enge Zusammenhang zwischen Quantenmechanik und der Hamilton-Jacobi-Theorie ist im Übrigen auch der Ausgangspunkt für die Wentzel-Kramer-Brillouin-Näherung (WKB-Näherung) (siehe etwa [58]).

Bis zu diesem Zeitpunkt sind spezielle Interpretationsfragen offensichtlich noch gar nicht berührt worden. Tatsächlichen finden sich diese Herleitungen auch in Darstellungen der Quantenmechanik, die auf der Wahrscheinlichkeitsinterpretation aufbauen (siehe etwa [57, Band 3]). Dort wird Hamilton-Jacobi-Theorie als klassischer Limes der Quantenmechanik gedeutet und die Gleichung 4.7 als Ausdruck der Wahrscheinlichkeitserhaltung.

Die *deterministische Interpretation* gewinnt man nun, indem man die Beziehung $v = 1/m \cdot \nabla S$ auch *ohne* den klassischen Limes als Bewegungsgleichung für tatsächliche Teilchenbahnen $Q(t)$ in der Quantenmechanik deutet:

$$\frac{dQ}{dt} = \frac{\nabla S(\mathbf{r},t)}{m}\Big|_{\mathbf{r}=Q} \qquad (4.9)$$

Für den ursprünglich vernachlässigten Term in der Hamilton-Jacobi-Gleichung 4.6 führte Bohm die Bezeichnung Quantenpotential ein:

$$U_{\text{quant}} = -\frac{\hbar^2 \nabla^2 R}{2mR} \qquad (4.10)$$

4.1.1 Anmerkung zur 1. Motivation

Die hier diskutierte Motivation ist der Bohmschen Originalarbeit [3] entnommen. Sie gibt also einen Eindruck davon, wie die Grundgleichungen dieser Theorie von Bohm tatsächlich entdeckt wurden. Andererseits verleitet diese Herleitung zu dem folgenschweren Missverständnis, dass Bohmsche Mechanik im Wesentlichen

---
[4] Offensichtlich eingängiger ist das Argument, dass dieser Term im Limes $\hbar \to 0$ verschwindet. Da $\hbar$ jedoch dimensionsbehaftet ist, kann der Limes so naiv nicht durchgeführt werden. Dieser sog. »klassische Limes« ist ein gutes Beispiel für eine mit Vorsicht zu betrachtende Näherung.

eine Modifikation der klassischen Mechanik ist. Schließlich ist die Hamilton-Jacobi-Theorie äquivalent zur Newtonschen Mechanik. Lediglich das Auftreten eines zusätzlichen (Quanten-)Potentials unterscheidet sie auf den ersten Blick von der klassischen Theorie. Auf den zentralen Unterschied kann jedoch nicht entschieden genug hingewiesen werden: Während in der klassischen Mechanik erst Geschwindigkeit *und* Ort die Teilchenbahn festlegen, reicht in der Bohmschen Mechanik eine Anfangsbedingung, da die *guiding equation* erster Ordnung ist. Im Gegensatz zur klassischen Mechanik ist S nämlich durch die Schrödingergleichung bereits festgelegt.

Durch diese radikal nicht-klassische Struktur der Bohmschen Mechanik verlieren Konzepte wie Energie, Impuls etc. auf dem Niveau der individuellen Bohmschen Teilchen ihre Bedeutung. Im Folgenden zeigen wir, dass eine Motivation der Bewegungsgleichung der Bohmschen Mechanik auch ohne Rekurs auf die Hamilton-Jacobi-Theorie und ein »Quantenpotential« gegeben werden kann. Diese verschiedenen Motivationen der Grundgleichung geben Anlass für verschiedene Schulen der de Broglie-Bohm Theorie. In Abschnitt 4.6 werden wir auf diese Fragen näher eingehen.

4.2 Motivation 2: Wahrscheinlichkeitsstrom

Die 2. Motivation schlägt von der Kontinuitätsgleichung direkt eine Brücke zur Bewegungsgleichung der Bohmschen Mechanik. Sie vermeidet dadurch die längliche Diskussion der Nähe zum Hamilton-Jacobi-Formalismus.

Wir sind bei der 1. Motivation bereits auf die Kontinuitätsgleichung 4.7 geführt worden. Ihre Herleitung braucht allerdings nicht den Umweg über das Aufspalten in Real- und Imaginärteil der Schrödingergleichung. Üblicherweise (etwa [58]) verfährt man wie folgt: Man betrachtet die zeitliche Entwicklung der Wahrscheinlichkeitsdichte $\rho(\mathbf{r},t) = |\psi(\mathbf{r},t)|^2 = \psi^*\psi$.

$$\begin{aligned}
\frac{\partial \rho}{\partial t} &= \frac{\partial \psi^*}{\partial t}\psi + \psi^*\frac{\partial \psi}{\partial t} \\
&= \frac{1}{-i\hbar}(H\psi^*)\psi + \frac{1}{i\hbar}\psi^*(H\psi) \\
&= \frac{\hbar}{2mi}\left[(\nabla^2\psi^*)\psi - \psi^*(\nabla^2\psi)\right]
\end{aligned}$$

Die erste Umformung verwendet, dass der Hamiltonoperator gerade die Zeitentwicklung des Systems beschreibt. Die zweite Umformung setzt voraus, dass das Potential zeitunabhängig ist und somit nur der kinetische Term des Hamiltonian berücksichtigt werden muss.

Man definiert nun den »Wahrscheinlichkeitsdichtestrom« $\mathbf{j}(\mathbf{r},t)$ als:

$$\mathbf{j}(\mathbf{r},t) = \frac{\hbar}{2mi}\left[\psi^*(\nabla\psi) - (\nabla\psi^*)\psi\right] \tag{4.11}$$

Diese Definition ist gerade so gewählt, dass folgende Kontinuitätsgleichung gilt:

$$\frac{\partial \rho}{\partial t} + \nabla \mathbf{j} = 0 \tag{4.12}$$

Der klassische Zusammenhang zwischen Strom, Dichte und Geschwindigkeit ist aber gerade $\mathbf{j} = \rho \cdot \mathbf{v}$ bzw. $\mathbf{v} = \mathbf{j}/\rho$. Setzt man jedoch $\psi = Re^{\frac{i}{\hbar}S}$ in die Definition von $\mathbf{j}(\mathbf{r},t)$ ein, wird man unmittelbar auf folgende Beziehung geführt:

$$\mathbf{v} = \frac{\mathbf{j}}{\rho} = \frac{\nabla S}{m} \tag{4.13}$$

Dies ist aber gerade die Bewegungsgleichung der Bohmschen Mechanik.

4.2.1 Anmerkung zur 2. Motivation

Diese Motivation hat den großen Vorzug der Einfachheit. Sie greift jedoch (unnötigerweise) auf probabilistische Konzepte zurück. Interessanterweise existiert noch ein weiterer Zugang, der auch in der Motivation der Grundgleichung keine Anleihen an »Wahrscheinlichkeitsdichten« und »Wahrscheinlichkeitsstromdichten« macht.

4.3 Motivation 3: Symmetriebetrachtung

Unsere 3. Skizze [10] einer Motivation der Bohmschen Mechanik betont schließlich ihre Eigenständigkeit am stärksten. Um eine vollständige Redundanz der Ergebnisse zu vermeiden, formulieren wir die Grundgleichungen hier für N Teilchen.

Wir suchen die Beschreibung eines quantenmechanischen Zustandes von N Teilchen. Wir wollen den Teilchenbegriff ernst nehmen und fügen der Wellenfunktion $\psi(q_1, q_2, \ldots, q_N)$ für eine *vollständige* Beschreibung die Orte der Teilchen $Q = (Q_1, Q_2, \ldots, Q_N) \in \mathbb{R}^{3N}$ hinzu. Unsere Theorie muss also Bewegungsgleichungen für den »Zustand« (Q, ψ) angeben.

Für die Wellenfunktion haben wir bereits die Schrödingergleichung:

$$i\hbar \frac{\partial \psi}{\partial t} = -\sum_{k=1}^{N} \frac{\hbar^2}{2m_k} \nabla_k^2 \psi + V\psi \tag{4.14}$$

Für die Orte Q brauchen wir eine Gleichung vom Typ

$$\frac{dQ}{dt} = v^\psi(Q) \tag{4.15}$$

mit $v^\psi = (v_1^\psi, \ldots, v_N^\psi)$. Das ψ-Feld soll also die Teilchenbewegung leiten. Das Geschwindigkeitsfeld soll dabei durch Einfachheit und Symmetrieforderungen ausgezeichnet sein. Die Forderung der Rotationsinvarianz führt im einfachsten Fall zu der Form:

$$v_k^\psi \propto \frac{\nabla_k \psi}{\psi}$$

Die Schrödingergleichung ist Zeitumkehrinvariant, wenn die Wellenfunktion komplex konjugiert wird ($\psi \to \psi^*$). Für das Geschwindigkeitsfeld wird also sinnvollerweise gefordert:
$$v_k^{\psi^*} = -v_k^{\psi}$$
Dadurch wird die Form von v^ψ weiter eingeschränkt:
$$v_k^\psi \propto \Im \frac{\nabla_k \psi}{\psi}$$
Der (reelle) Proportionalitätsfaktor wird schließlich durch die Forderung festgelegt, dass das Geschwindigkeitsfeld das entsprechende Verhalten unter der Transformation $v^\psi \to v^\psi + u$ (»Boost«) hat [10]. Damit gewinnt man:
$$v_k^\psi = \frac{\hbar}{m_k} \Im \frac{\nabla_k \psi}{\psi} \quad (4.16)$$
Wählt man für ψ die Darstellung $\psi = Re^{iS/\hbar}$, hat diese Gleichung die Form:
$$v_k^\psi = \frac{\nabla_k S}{m_k} \quad (4.17)$$
In Gleichung 4.16 haben wir also nur eine andere Darstellung für die *guiding equation* der Bohmschen Mechanik.

4.3.1 Anmerkung zur 3. Motivation

In dieser Skizze einer alternativen Motivation finden also, wie auch in Motivation 2, weder das »Quantenpotential« noch die »Quanten-Hamilton-Jacobi«-Gleichung Erwähnung. Diesen kommt in der mathematischen Struktur auch keine besondere Bedeutung zu, da Bohmsche Mechanik erster Ordnung ist (siehe dazu vor allem auch Abschnitt 4.6). Im Vordergrund steht, dass eine Vervollständigung der Theorie mit Hilfe der Teilchenorte angestrebt wird. Das Symmetrieargument ist dabei sicherlich abstrakter als die ersten beiden Motivationen und kann in seiner Tragweite weniger gut überblickt werden. Es ist jedoch interessant, dass eine Theorie erster Ordnung Galilei-invariant sein kann.

4.4 Die Quantengleichgewichtshypothese

Um alle statistischen Aussagen der Wahrscheinlichkeitsinterpretation der Quantenmechanik reproduzieren zu können, muss für die Teilchenorte eines Systems, das durch die Wellenfunktion ψ beschrieben wird, eine $|\psi|^2$-Verteilung angenommen werden. Dies wird auch als Quantengleichgewichtshypothese bezeichnet[5]:

---

[5] Die Äquivalenz zwischen Bohmscher und Quantenmechanik braucht neben der Quantengleichgewichtshypothese noch die Annahme, dass die Ergebnisse *aller* Messungen in *Ortskoordinaten* formuliert werden können. Schließlich zeichnet die Bohmsche Mechanik den Ort explizit aus. Diese Bedingung kann jedoch offensichtlich erfüllt werden, da jedes Experiment im *Ortsraum* durchgeführt wird (und nicht etwa im *Impulsraum*). Konkret denke man etwa an die *Position* des Zeigers eines Messgerätes. Die sog. *Kontextualisierung* aller anderen Eigenschaften ist Gegenstand des Kapitels 5.

4.4 Die Quantengleichgewichtshypothese

Quantengleichgewichtshypothese: Die Ortsverteilung ρ von Zuständen mit der Wellenfunktion ψ lautet:

$$\rho = |\psi|^2 \qquad (4.18)$$

Offensichtlich nimmt dieser Punkt eine zentrale Stellung in der Begründung der Bohmschen Mechanik ein und soll hier deshalb genauer untersucht werden.

Er erscheint zunächst wie ein Taschenspielertrick: Wenn man die Wahrscheinlichkeitsverteilung $\rho = |\psi|^2$ für die Teilchenorte *voraussetzt*, muss man sie später nicht als *Interpretation* einführen und trägt trotzdem allen experimentellen Befunden Rechnung.

Prinzipiell hat man an dieser Stelle zwei verschiedene Möglichkeiten: Zum einen kann die Quantengleichgewichtshypothese als zusätzliches Postulat der Bohmschen Mechanik hinzugefügt werden. Dieses Postulat ist konsistent, denn schließlich stellt die Kontinuitätsgleichung

$$\frac{\partial \rho}{\partial t} + \nabla(v\rho) = 0 \qquad (4.19)$$

sicher, dass ein zu einem Zeitpunkt $|\psi(0,\mathbf{r})|^2$ verteiltes System diese Eigenschaft für alle Zeiten t behält. Das ästhetisch Unbefriedigende an diesem Postulat ist jedoch, dass zwei logisch unabhängige Zutaten der Bohmschen Mechanik, nämlich (i) die Rolle von ψ als »Führungsfeld« und (ii) die Wahrscheinlichkeitsdichte der Teilchenorte, ohne tiefere Begründung zusammenfallen.

Aus diesem Grund wurden schon von Bohm und später von Valentini, Dürr, Goldstein und Zanghì Versuche unternommen, die Quantengleichgewichtsbedingung innerhalb der Bohmschen Mechanik abzuleiten bzw. zu begründen. Verschiedene Ansätze in diese Richtung werden im Folgenden diskutiert.

4.4.1 Herleitungen der Quantengleichgewichtshypothese

Die Originalarbeit Bohms [3] ist in diesem Punkt noch vage. Er argumentiert, dass eine Beschreibung von atomaren Vorgängen aus *praktischen Gründen* eine statistische Theorie sein muss. Den Grund dafür sieht er in der komplizierten Kopplung dieser Vielteilchensysteme. Obwohl im Kern deterministisch, ist das Resultat hiervon nicht berechenbar. Selbst bei beliebig genauer Kenntnis der Anfangsorte zu einem Zeitpunkt würde diese Information im Verlauf kurzer Zeit praktisch verloren gehen und das System in einen Gleichgewichtszustand wechseln. Warum dieser Gleichgewichtszustand jedoch durch die $|\psi|^2$-Verteilung gegeben ist, bleibt zunächst unbegründet. Die Arbeit [60] von Bohm aus dem Jahre 1953 ist speziell dieser Frage gewidmet. Sie trägt den suggestiven Titel *Proof That Probability Density Approaches $|\psi|^2$ in Causal Interpretation of the Quantum Theory*. Das dort vorgetragene Argument basiert jedoch lediglich auf der Untersuchung einer speziellen Klasse von Systemen, sodass das Versprechen des Titels nicht in voller Allgemeinheit eingelöst wird [7, 61]. Eine spätere

Modifikation der Bohmschen Mechanik (Bohm-Vigier-Modell [62]) diente unter anderem ebenfalls dem Versuch, den Status der Quantengleichgewichtshypothese zu klären.

Antony Valentini hat in [63] die Ideen Bohms (auf Grundlage der ursprünglichen Arbeit [3]) weiterentwickelt. Auch er versucht eine dynamische Erklärung dafür zu geben, dass ursprünglich beliebig verteilte Orte sich einer $|\psi|^2$-Verteilung annähern. Er betont die Analogie zu der entsprechenden Herleitung von Gleichgewichtsverteilungen innerhalb der klassischen Thermodynamik und verwendet deshalb entsprechende Begriffsbildungen. Er definiert eine sog. Entropie für »Subquanten«-Systeme und beweist für diese Größe das Analogon zum Boltzmannschen H-Theorem[6]. Aus Valentinis »Subquanten H-Theorem« folgt, dass die Ortsverteilung in der Bohmschen Mechanik sich $\rho = |\psi|^2$ annähert – unser Universum befindet sich also bezüglich dieser »Subquanten«-Entropie bereits im Zustand des »Wärmetods«. In [61] finden sich detaillierte numerische Simulationen davon, wie dieser Gleichgewichtszustand angenommen wird.

Diese Untersuchung stellt Valentini jedoch in den größeren Zusammenhang, eine Verknüpfung der drei fundamentalen »Unmöglichkeitsprinzipien« der Physik zu suchen. Diese sind (i) die Abwesenheit von beliebig schneller Signalausbreitung, (ii) die Unschärferelation und (iii) der 2. Hauptsatz der Thermodynamik. Tatsächlich führt er in [63] den Nachweis, dass die Prinzipien (i) und (ii) aus der Quantengleichgewichtshypothese folgen. In einem (hypothetischen) frühen Universum im Quanten**un**gleichgewicht $\rho \neq |\psi|^2$ wären also sowohl die Signal-Lokalität als auch die Unschärferelation verletzt. Dass diese Prinzipien in unserem aktuellen Universum gelten, ist schließlich eine Folge seines »Subquanten H-Theorems«, wodurch auch eine Brücke zu (iii) geschlagen wird. Das Faszinierende an Valentinis Arbeiten besteht darin, dass sie die Spekulationen über eine »Nichtgleichgewichts-Quantenmechanik« eröffnen – bis hin zu möglichen experimentellen Tests seiner Hypothesen [64].

Die Arbeiten [10, 11] von Dürr, Goldstein und Zanghì schlagen hingegen eine andere Richtung ein, indem kein dynamischer Mechanismus für das Quantengleichgewicht verantwortlich gemacht[7], sondern die Bedeutung von Begriffen wie »wahrscheinlich« und »typisch« mit der Quantengleichgewichtshypothese verknüpft wird.

In [10] wird zunächst bemerkt, dass in der Bohmschen Mechanik beliebig gewählte *Teilsysteme* nicht notwendigerweise eine Wellenfunktion besitzen müssen. Schließlich ist die Wellenfunktion auf dem Konfigurationsraum definiert, sodass das Konzept abgetrennter und wechselwirkungsfreier Untersysteme schwierig

---

[6] Das H-Theorem entspricht im Wesentlichen dem 2. Hauptsatz der Thermodynamik, also der Forderung, dass die Entropie eines abgeschlossenen Systems nicht abnehmen kann. Daraus folgt in der klassischen Thermodynamik, dass der Zustand des Universums sich unweigerlich einem universellen Gleichgewicht annähern muss, in dem alle Teile dieselbe Temperatur haben. Dieser Zustand wird deshalb auch als »Wärmetod« des Universums bezeichnet.

[7] Tatsächlich behaupten Dürr, Goldstein und Zanghì die Unrichtigkeit des Arguments von Valentini [65].

4.4 Die Quantengleichgewichtshypothese

wird. In diesem Sinne ist a priori nur eine Wellenfunktion Ψ gegeben, nämlich die des gesamten Universums! Die Gleichung $\rho = |\Psi|^2$ scheint nun aber erst recht keinen Sinn zu ergeben oder wenigstens jeder physikalischen Bedeutung zu entbehren, denn schließlich ist uns keine Verteilung von Universen gegeben. Der Sinn des Quantengleichgewichts (»quantum equilibrium«) für die Wellenfunktion des Universums liegt nach [11] nun darin, die Bedeutung von »typisch« zu definieren:

> The quantum equilibrium distribution provides us with a natural notion of *typicality*: statements valid for the overwhelming majority of configurations in the sense provided by the quantum equilibrium measure are true for a typical configuration.

Nun gilt es zwei Fragen zu diskutieren, nämlich den Zusammenhang von $\rho = |\Psi|^2$ mit *empirischen* Verteilungen *innerhalb eines* Universums sowie die Frage, wie Wellenfunktionen von Teilsystemen konstituiert werden können. Letzteres führt [10, 11] auf das Konzept der *effektiven* Wellenfunktion. Betrachten wir etwa das Teilsystem mit den Variablen x auf dem Konfigurationsraum. Seine Umgebung habe die Variablen y – das gesamte System also $q = (x, y)$. Die Wellenfunktion des gesamten Systems sei $\Psi = \Psi(x, y)$. Dürr et al. definieren dann die *effektive* Wellenfunktion $\psi(x)$ als Teil der folgenden Zerlegung:

$$\Psi(x, y) = \psi(x)\Phi(y) + \Psi^{\perp}(x, y) \tag{4.20}$$

Dabei haben Φ und $\Psi^{\perp}$ disjunkte Träger. Eine Motivation dieses Ausdruckes wird bei der Diskussion des Messprozesses gegeben (siehe Abschnitt 5.1.1).

Dürr et al. können nun beweisen, dass in einem im obigen Sinne »typischen« Universum empirische Verteilungen von Teilsystemen, die mit einer effektiven Wellenfunktion ψ beschrieben werden, einer $|\psi|^2$-Verteilung folgen. Es braucht also keinen dynamischen Mechanismus, der erklärt, wie beliebige Konfigurationen in eine $|\psi|^2$-Verteilung übergehen. Vielmehr übersetzen sich die Anfangsbedingungen eines »$|\Psi|^2$-typischen« Universums in natürlicher Weise in empirische Verteilungen, die dem Bornschen Wahrscheinlichkeitspostulat unterliegen[8]. Dies nennen sie die Begründung einer »absoluten Unbestimmtheit«. Die Quantengleichgewichtsbedingung formalisiert in diesem Sinne die Grenzen dessen, was über ein Teilsystem prinzipiell gewusst werden kann. Den Zusammenhang mit der Heisenbergschen Unschärferelation beschreiben diese Autoren wie folgt:

> This absolute uncertainty is in precise agreement with Heisenberg's uncertainty principle. But while Heisenberg used uncertainty to argue for the meaninglessness of particle trajectories, we find that, with Bohmian mechanics, absolute uncertainty arises as a necessity, emerging as a remarkably clean and simple consequence of the existence of trajectories. Thus, quantum uncertainty, regarded as an experimental fact, is

---

[8] Wir können an dieser Stelle die präzise mathematische Formulierung des Argumentes (also vor allem die formale Bedeutung von »typisch«) nur skizzieren und verweisen auf die ausführliche Darstellung in [4, 10].

explained by Bohmian mechanics, rather than *explained away* as it is in orthodox quantum theory.

4.5 Die Nicht-Eindeutigkeit der Bohmschen Mechanik

Die individuellen Teilchenbahnen der Bohmschen Mechanik entziehen sich aufgrund der Quantengleichgewichtsbedingung der Beobachtbarkeit, führen aber im statistischen Mittel auf die Vorhersagen der Quantenmechanik. Die Bewegungsgleichung der Trajektorien ist durch diese statistische Äquivalenz zur Quantenmechanik jedoch nicht eindeutig festgelegt. In [59] wird gezeigt, dass man in der Bewegungsgleichung $v = \nabla S/m$ ein geeignet zu wählendes Geschwindigkeitsfeld v_{Ak} einführen kann, sodass die resultierenden Bahnen ebenfalls die statistischen Vorhersagen der Quantenmechanik reproduzieren. Die *individuellen* Bahnen jedoch, die im statistischen Mittel auf die quantenmechanischen Vorhersagen führen, sind je nach Wahl des zusätzlichen Geschwindigkeitsfeldes v_{Ak} voneinander abweichend.

Die Bohmsche Mechanik ist in dieser Hinsicht also als der einfachste Vertreter einer ganzen *Klasse* möglicher Theoriebildungen aufzufassen, zwischen denen experimentell nicht unterschieden werden kann. Ihre wissenschaftstheoretische und konzeptionelle Bedeutung wird dadurch natürlich nicht geschmälert. Verbinden Anhänger der Bohmschen Mechanik mit dieser Theorie jedoch die Hoffnung aufzuklären, was »tatsächlich« auf mikroskopischem Niveau passiert, ist dies offensichtlich irrig.

4.6 Die verschiedenen Schulen der de Broglie-Bohm Theorie

Es existieren verschiedene Varianten bzw. Schulen der de Broglie-Bohm Theorie, deren wesentliche Unterschiede im Folgenden skizziert werden, um dem Leser die Orientierung in der Literatur zu erleichtern.

Es mag verwundern, dass ein Beitrag zur Interpretation der Quantenmechanik selber Gegenstand einer kontroversen Deutungsdebatte ist, aber tatsächlich ist keine physikalische Theorie frei davon, durch verschiedene mathematisch äquivalente Formulierungen, einen Interpretationsspielraum bezüglich den vermeintlich »zentralen« Begriffen zu bieten.

Im Falle der de Broglie-Bohm Theorie sind grob gesprochen zwei Themenbereiche Gegenstand der Kontroverse: Der Status des Quantenpotentials sowie die Frage, welche Eigenschaften man den Teilchen direkt zuordnen kann[9].

---

[9] Einer anderen Kontroverse sind wir im Verlauf unserer Darstellung bereits begegnet: In Abschnitt 4.4.1 haben wir die unterschiedlichen Motivationen für die Quantengleichgewichtshypothese erwähnt.

4.6.1 Das Quantenpotential

Wir haben bereits verschiedentlich darauf hingewiesen, dass in unserer Darstellung dem Quantenpotential keine besondere Bedeutung beigemessen wird. Im Gegensatz dazu erwähnen zahlreiche Darstellungen dieses Konzept als das *entscheidende* Merkmal dieser Theorie. Diese Autoren beziehen dabei auf eine spezielle Lesart der Theorie.

In [66] unterscheiden Baublitz und Shimony die »kausale Sichtweise« und die »Führungsfeld-Sichtweise« (*causal-* und *guidance view*) auf die de Broglie-Bohm Theorie.

Die »kausale Sichtweise«

Die »kausale Sichtweise« geht im Wesentlichen direkt auf die Arbeiten Bohms zurück, obwohl auch hier eine Vermischung beider Lesarten nachgewiesen werden kann [66]. Ihre profiliertesten Vertreter (B. J. Hiley, C. Dewdney, P. Holland, C. Philippidis und andere) sind größten Teils Mitarbeiter oder Schüler von Bohm selbst gewesen. Bohm und Hiley beziehen sich auf ihre Theorie als »ontologische Interpretation« der Quantenmechanik [6]. In dieser Sichtweise wird das Quantenpotential explizit hervorgehoben (siehe auch Abschnitt 4.1), und die Theorie erlaubt dann sogar eine Darstellung, die der Newtonschen Mechanik analog ist [3]:

$$m\frac{\mathrm{d}^2 Q(t)}{\mathrm{d}t^2} = -\nabla(V + U_{\mathrm{quant}}) \qquad (4.21)$$

mit dem klassischen Potential V und dem Quantenpotential:

$$U_{\mathrm{quant}} = -\frac{\hbar^2 \nabla^2 |\psi|}{2m|\psi|}$$

Diese Darstellung erlaubt ein intuitives Verständnis zahlreicher Quantenphänomene, etwa des Tunneleffektes. Hier kann die Energie, die einem klassischen Teilchen zur Durchquerung einer Potentialbarriere fehlen würde, aus dem Quantenpotential kompensiert werden. Die Eigenschaft Bohmscher Trajektorien, sich nicht schneiden zu können, ist in dieser Sichtweise Folge der abstoßenden »Quantenkraft«, die aus dem Quantenpotential abgeleitet werden kann. Bei Peter Holland [5] wird die gesamte Neuartigkeit der de Broglie-Bohm Theorie durch besondere Eigenschaften des Quantenpotentials begründet. So hängt es etwa nicht von der Stärke des ψ Feldes ab, sondern nur von der »Form« (ψ und $c \cdot \psi$ führen auf dasselbe Quantenpotential, da $|\psi|$ in Nenner und Zähler eingeht). Bohm und Hiley [67] haben den Einfluss des ψ-Feldes mit Radiowellen verglichen, die z. B. ein Schiff leiten. Auch hier hängt die Wirkung nicht von der Stärke, sondern nur von der Form des Signals ab. Für diese Form der Beeinflussung haben sie den Begriff der »aktiven Information« geprägt. Das Quantenpotential mit seinen neuartigen Eigenschaften hat vor allem deshalb eine so große Bedeutung, da nach Bohm und Hiley das naturphilosophische Konzept eines neuen »Holismus« mit ihm verknüpft ist [6].

Die »Führungsfeld-Sichtweise«

Die Anhänger der »Führungsfeld-Sichtweise« (D. Dürr, S. Goldstein, N. Zanghì, A. Valentini, J. Cushing, G. Grübl und andere) wenden dagegen ein, dass diese Darstellung über eine Differentialgleichung zweiter Ordnung (Gleichung 4.21) nur für die Newtonsche Mechanik sinnvoll ist. Dort legen tatsächlich erst *zwei* Anfangsbedingungen (Anfangsort *und* Anfangsgeschwindigkeit) die Bewegung fest. In der de Broglie-Bohm Theorie ist die Geschwindigkeit jedoch nicht unabhängig, sondern bereits durch die »Führungs-Gleichung« bestimmt:

$$\frac{dQ}{dt} = \frac{\nabla S}{m} \qquad (4.22)$$

In der Tat ist diese Gleichung zur mathematischen Begründung der de Broglie-Bohm Theorie schon vollkommen ausreichend (siehe auch die Abschnitte 4.2 und 4.3). Bei gegebenem Anfangsort und Kenntnis der Wellenfunktion ist damit die gesamte Bewegung festgelegt.

Dieser mathematische Zusammenhang wird von den Anhängern der »kausalen Sichtweise« natürlich nicht geleugnet. Auch sie weisen darauf hin, dass mit Gleichung 4.21 nur dann die Vorhersagen der Quantenmechanik reproduziert werden können, wenn Beziehung 4.22 gilt. Diese wird jedoch nur als »special assumption« [60] oder »consistent subsidiary condition« [68] bezeichnet.

Folgt man dagegen der »Führungsfeld-Sichtweise«, dann handelt die de Broglie-Bohm Theorie nur von der Wellenfunktion und den Teilchenbahnen, die durch die Wellenfunktion geführt werden. In einer Theorie erster Ordnung sind die Bahnkurven bereits durch die Orte festgelegt und nicht durch eine Kraftwirkung F ($\propto \ddot{\mathbf{r}}$) bzw. zugehörigem Potential ($F = -\nabla V$). Dem ganzen Konzept eines Potentials wird dadurch der Boden entzogen. Die Kritik an Gleichung 4.21 lautet also, dass sie die Bohmsche Mechanik in eine Nähe zur klassischen Physik rückt, die durch ihre mathematische Struktur nicht gerechtfertigt ist [9]. Man mag sogar spekulieren, dass damit die Rezeption der Bohmschen Mechanik erschwert wurde. Nicht selten kritisiert man nämlich an der Bohmschen Mechanik, dass sie den zwanghaften Versuch darstelle, zur klassischen Physik zurückzukehren.

Die scheinbar intuitiven Erklärungen für verschiedene Quantenphänomene im Rahmen der kausalen Interpretation verschleiern demzufolge die radikale Neuartigkeit der de Broglie-Bohm Theorie. Sie sind zwar »intuitiv«, aber nur, weil die Intuition der meisten Physiker an Newtonscher Mechanik geschult ist. Allerdings sollte man den Anhängern der kausalen Sichtweise zugute halten, dass auch sie die vollkommen nicht-klassischen Eigenschaften des Quantenpotentials deutlich betonen. Holland verteidigt seine Position mit dem folgenden Einwand gegen die Führungsfeld-Sichtweise[10]:

> This approach is unsatisfactory for several reasons. Since the purpose of the causal interpretation is to offer an explanation for quantum phe-

---

[10] In seiner Terminologie handelt es sich bei der »Führungsfeld-Sichtweise« um die *minimalistic causal interpretation*.

nomena it seems strange to ignore theoretical structures which may aid the objective. [5, S. 78]

Im Folgenden beziehen wir uns dennoch auf die »Führungsfeld-Interpretation« der de Broglie-Bohm Theorie, die von Dürr et al. als »Bohmsche Mechanik« bezeichnet wird.

4.6.2 Teilcheneigenschaften in der de Broglie-Bohm Theorie

Eine andere Kontroverse innerhalb der de Broglie-Bohm Theorie bezieht sich auf die Eigenschaften, die den Teilchen (also den Objekten, die sich auf den Trajektorien bewegen) zugeordnet werden können.

Die Anhänger der »Führungsfeld-Sichtweise«, die dem Quantenpotential *keine* tiefere Bedeutung beimessen, argumentieren wie erwähnt mit der andersartigen mathematischen Struktur der Theorie. Tatsächlich ist der Schluss noch viel radikaler: Nicht nur das »Quantenpotential« hat in einer Theorie erster Ordnung keinen Platz, sondern auch die Konzepte Energie, Arbeit, Impuls etc. verlieren nach dieser Lesart in der de Broglie-Bohm Theorie auf dem Niveau einzelner Teilchen ihre physikalische Relevanz. Konsequenterweise werden nach dieser Interpretation den Teilchen außer dem *Ort* keine weiteren Attribute zugeschrieben. Alle anderen Eigenschaften, d. h. Impuls, Drehimpuls, Spin, Energie, aber auch Masse und Ladung können nur der Wellenfunktion zugeordnet werden[11]. Dieser Sichtweise schließt sich unsere Darstellung an, und es ist also kein Zufall, dass wir penibel die Schreibweise $\frac{dQ}{dt} = \frac{1}{m}\nabla S$ verwenden und nicht $p = \nabla S$ schreiben. Letztere Schreibweise suggeriert schließlich, dass dem individuellen Teilchen ein Impuls p zukommt. Eine Begründung dieser weitreichenden Annahme wird erst in Kapitel 5 gegeben werden können, wenn die Messung aus dem Blickwinkel der de Broglie-Bohm Theorie diskutiert wird.

Im Gegensatz dazu ordnet dieselbe Schule, die dem Quantenpotential eine prominente Rolle zuweist, den Bohmschen Teilchen alle Eigenschaften zu, denen innerhalb der Quantenmechanik Operatoren entsprechen. Diese Teilcheneigenschaften werden wie der Ort durch kontinuierliche Funktionen dargestellt (siehe auch Kapitel 5). Diese Funktionen können tatsächlich so gewählt werden, dass sich unter Erwartungswertbildung die Ergebnisse der Quantenmechanik ergeben [5]. Der Schönheitsfehler besteht allerdings darin, dass sie weder dem Ausgang einzelner Messungen entsprechen noch Erhaltungssätzen unterliegen.

Dass ein Elektron eine komplizierte innere Struktur besitzt, folgt im Rahmen der »kausalen Sichtweise« bereits aus der schon erwähnten »Radiowellen-Analogie«. Bohm und Hiley schreiben in diesem Zusammenhang:

---

[11] Diese Position führt zu einigen Spitzfindigkeiten in der Terminologie: Beschreibt man in der Bohmschen Mechanik z. B. ein Elektron, so ist dieses nicht identisch mit dem Teilchen auf der Bohmschen Trajektorie. Das »Elektron« besitzt schließlich auch Attribute wie Spin, Masse und Ladung, die dem Objekt auf der Trajektorie gar nicht zugeordnet sind. Das physikalische Objekt »Elektron« wird in der Bohmschen Mechanik erst durch das Paar (ψ, Q), d. h. Wellenfunktion *und* Ort beschrieben!

> This implies, however, that as we have already suggested, an electron, or
> any other elementary particle, has a complex and subtle inner structure
> (e.g. at least comparable to that of a radio).

Schlussbemerkung

Obwohl diese beiden Lesarten der de Broglie-Bohm Theorie *mathematisch* äquivalent sind und der eigentliche Gegensatz zwischen der üblichen Quantenmechanik und diesen *beiden* möglichen Sichtweisen auf die de Broglie-Bohm Theorie besteht, sollte die Rivalität zwischen diesen Schulen nicht unterschätzt werden. So schreibt Hiley in [69]:

> It should be noted that the views expressed in our book [6] differ very substantially from those of Dürr et al. [10] who have developed an alternative theory. It was very unfortunately that they chose the term »Bohmian mechanics« to describe their work. When Bohm first saw the term he remarked, »Why do they call it ›Bohmian mechanics‹? Have they not understood a thing that I have written? He war referring not only to our article [67], but also to a footnote in his book Quantum Theory in which he writes, »This means that the term ›quantum mechanics‹ is a misnomer. It should, perhaps, be better called ›quantum nonmechanics‹ [22]« It would have been far better if Dürr et al. [10] had chosen the term »Bell mechanics« That would have reflected the actual situation far more accurately.

Den Außenstehenden mag der scharfe Ton an dieser Stelle verwundern. Schließlich ist man geneigt, die unterschiedlichen Lesarten der de Broglie-Bohm Theorie mit z. B. unterschiedlichen Formulierungen der klassischen Mechanik zu vergleichen (etwa Lagrange- und Hamilton-Formalismus). Diese Umformulierungen geben allerdings nicht den geringsten Anlass für eine kontroverse Diskussion über die Grundlagen der klassischen Mechanik.

Die Schärfe in der Auseinandersetzung rührt wohl daher, dass die »ontologische Interpretation« mit dem Konzept des Quantenpotentials weitreichende naturphilosophische Spekulationen verbindet, während die Vertreter der »Bohmschen Mechanik« die Stärke der de Broglie-Bohm Theorie gerade darin sehen, philosophische Spekulationen aus der Formulierung der Theorie eliminieren zu können. Charakteristischerweise lautet der Titel einer Abhandlung von D. Dürr, S. Goldstein und N. Zanghì »Quantum Physics Without Quantum Philosophy« [65].

4.7 Die Wellenfunktion

An der Interpretation der Wellenfunktion lassen sich die meisten begrifflichen Probleme der Quantenmechanik fest machen. Das auf Schrödinger zurückgehende Katzenparadoxon (siehe Abschnitt 7.6) setzt genau an diesem Punkt an. Dort

4.7 Die Wellenfunktion

befinden sich makroskopisch verschiedene Zustände in einem für die Quantenmechanik typischen Überlagerungszustand, der offensichtlich keiner physikalischen Realität entspricht. Einen möglichen Ausweg bietet hier die Ensemble-Interpretation der Quantenmechanik (siehe dazu auch Kapitel 3), also eine Einschränkung des Gegenstandsbereichs der Theorie.

Die Wellenfunktion in der Quantenmechanik

In der Kopenhagener Deutung wird ein anderer Weg eingeschlagen, der in Kapitel 3 bereits diskutiert wurde. In Bezug auf die Stellung der Wellenfunktion ist hervorzuheben, dass diese *kein* physikalisches Feld im engeren Sinne darstellt. Es erscheint vielmehr wie eine Hilfskonstruktion, um Vorhersagen über den Ausgang von Messungen zu gewinnen. Sie kodiert neben den Eigenschaften eines physikalischen Objektes auch unsere (subjektive) Kenntnis des betreffenden Systems. Diese eingeschränkte Bedeutung der Wellenfunktion hat innerhalb der Kopenhagener Deutung und vor allem bei Heisenberg auch noch einen wissenschaftssoziologischen Aspekt. Dazu muss man daran erinnern, dass die wellenmechanische Formulierung der Quantenmechanik erst nach der sog. Matrizenmechanik gefunden wurde. Mit nachvollziehbarem Unmut mussten Heisenberg, Born und Jordan feststellen, dass die Formulierung von Schrödinger auf ungleich größere Resonanz bei Physikern traf. Heisenberg glaubte sogar zunächst, dass sich die Wellenmechanik als falsch herausstellen würde [70]. Der von Schrödinger gefundene Beweis der Äquivalenz beider Theorien zerstörte diese Hoffnung. Die Entwicklung der Wellenmechanik gab der Quantenmechanik eine Anschaulichkeit, die innerhalb der ursprünglichen Begründung der Matrizenmechanik bewusst abgelehnt worden war [70]. Heisenberg legte deshalb besonderen Wert auf die Feststellung, dass die Wellenfunktion auf dem Konfigurationsraum definiert ist. Damit sei ihre Anschaulichkeit ebenfalls herabgesetzt. Spätere Aussagen Heisenbergs verraten, dass er in der Missachtung der Matrizenmechanik sogar eine Quelle von Interpretationsschwierigkeiten der Quantenmechanik gesehen hat.

Die Wellenfunktion in der Bohmschen Mechanik

In der Bohmschen Mechanik bekommt die Wellenfunktion eine reale physikalische Bedeutung. Sie besitzt jedoch eine Doppelrolle: Zum einen »leitet« sie die Teilchenbewegung ($v \sim \nabla S$), und zum anderen drückt $|\psi|^2$ eine Wahrscheinlichkeitsverteilung aus, nämlich die des Quantengleichgewichts. Diese beiden Eigenschaften fallen vom Standpunkt der Bohmschen Mechanik aus nicht notwendig zusammen. In Abschnitt 4.4 wurden mögliche Zusammenhänge zwischen diesen beiden Funktionen der Wellenfunktion diskutiert.

Eine andere Merkwürdigkeit zeigt, dass der Status der Wellenfunktion ψ auch in der Bohmschen Mechanik von dem anderer physikalischer Felder abweicht: Die Wellenfunktion leitet nämlich die Teilchenbewegung, *ohne* dass die Teilchenbewegung Einfluss auf die Wellenfunktion hat. Die Zeitentwicklung der Wellenfunktion verläuft gemäß der Schrödingergleichung und somit ganz unabhängig von den Teilchenorten. Diese Unsymmetrie ist ein häufiger Kritikpunkt an der Bohmschen Mechanik.

Der »reale« Charakter der Wellenfunktion innerhalb der Bohmschen Mechanik führt noch an einer anderen Stelle zu merkwürdigen Konsequenzen: Innerhalb der Bohmschen Mechanik wird ein System durch Ort und Wellenfunktion beschrieben. Der Ort zeichnet den Zweig der Wellenfunktion aus, der dem tatsächlichen Zustand des Systems entspricht. Alle anderen Zweige der Wellenfunktionen, in die keine Trajektorien führen, sind jedoch ebenfalls »real«. Der Raum ist gemäß der Bohmschen Mechanik also mit Myriaden von »leeren« Wellenfunktionen bevölkert. Man kann zwar plausibel argumentieren, dass diese keinen Einfluss auf die weitere Zeitentwicklung haben (Stichwort: Dekohärenz), ästhetisch unbefriedigend bleibt dieser Punkt aber dennoch.

Es ist fair zu sagen, dass der genaue Status der Wellenfunktion *das* Kernproblem der Quantenmechanik darstellt und auch die Bohmsche Mechanik noch keine letztgültige Antwort auf diese Frage gibt. In [75] wird in diesem Zusammenhang die Anregung gegeben, die Rolle der Wellenfunktion mit derjenigen der Hamiltonfunktion in der klassischen Mechanik zu vergleichen. Wir haben erwähnt, dass ψ innerhalb der Bohmschen Mechanik eine »reale physikalische Bedeutung« hat. Folgt man dem Argument von Dürr et al. in [75], ist die Wellenfunktion selbst jedoch kein »Element der physikalischen Realität«:

> We propose that the reason, on the universal level, that there is no action of configurations upon wave functions, as there seems to be between all other elements of physical reality, is that the wave function of the universe is not an element of physical reality. We propose that the wave function belongs to an altogether different category of existence than that of substantive physical entities, and that its existence is nomological rather than material. We propose, in other words, that the wave function is a component of physical law rather than of the reality described by the law.

Eine zentrale Eigenschaft der Wellenfunktion ist, wie bereits erwähnt, dass sie auf dem Konfigurationsraum des Systems definiert ist. Sie breitet sich also nicht, wie z. B. das elektrische Feld, auf dem dreidimensionalen Anschauungsraum aus, sondern ist eine Funktion von $3N$ Ortskoordinaten (wenn N die Anzahl der beschriebenen Teilchen ist). Die Bewegungsgleichungen der Teilchen sind dadurch nichtlokal, d. h. sie hängen im Allgemeinen[12] instantan von den Orten *aller* anderen Teilchen ab. Kapitel 6 ist speziell diesem Themenkreis gewidmet.

4.8 Spin in der Bohmschen Mechanik

In diesem Abschnitt wird die Verallgemeinerung der Bohmschen Mechanik auf Spin 1/2 Systeme angeben. Bei der Diskussion der Messung werden wir uns oft

---

[12] Nur wenn die Wellenfunktion faktorisiert, wird die Nichtlokalität aufgehoben.

auf den Spin als konzeptionell einfaches Beispiel beziehen.

Wie in der üblichen Quantenmechanik wird die Wellenfunktion durch einen Spinor und die Schrödingergleichung durch die Pauligleichung ersetzt [4]. Für die Spinwechselwirkung in einem Magnetfeld **B** lautet die Pauligleichung:

$$i\hbar \frac{\partial \psi}{\partial t} = -\frac{\hbar^2}{2m}\nabla^2 \psi - \mu \sigma \cdot \mathbf{B} \cdot \psi \qquad (4.23)$$

Dabei ist μ das magnetische Moment und ψ die Spinorwellenfunktion:

$$\psi = \begin{pmatrix} \psi_1 \\ \psi_2 \end{pmatrix}$$

Die Komponenten von σ lauten:

$$\sigma_x = \begin{pmatrix} 0 & 1 \\ 1 & 0 \end{pmatrix}, \quad \sigma_y = \begin{pmatrix} 0 & -i \\ i & 0 \end{pmatrix}, \quad \sigma_z = \begin{pmatrix} 1 & 0 \\ 0 & -1 \end{pmatrix}$$

Die verallgemeinerte *guidance equation* für Spin 1/2 lautet schließlich:

$$\frac{dQ}{dt} = \frac{\hbar}{m} \Im \left(\frac{(\psi, \nabla \psi)}{(\psi, \psi)} \right) \qquad (4.24)$$

Dabei ist das Spinorskalarprodukt verwendet worden: $(\psi, \psi) = \sum \psi_i^* \psi_i$.

Der entscheidende Punkt besteht darin, dass zur Beschreibung des Spins der Konfigurationsraum der Bohmschen Mechanik nicht modifiziert werden muss. Die vollständige Beschreibung des Zustandes erfolgt immer noch durch die Teilchenorte und die (nun 2-komponentige) Wellenfunktion. Bereits hier erkennt man, dass der Spin in der Bohmschen Mechanik keine Eigenschaft der Teilchen, sondern der Wellenfunktion ist. In Kapitel 5 wird dieser Punkt noch genauer betrachtet werden.

4.9 Beweise über die Unmöglichkeit einer Theorie verborgener Variablen

Es ist schon auf Johann von Neumanns Beweis zur *Unmöglichkeit einer Theorie verborgener Variablen* [34] aus dem Jahre 1932 Bezug genommen worden. Dieser hatte aus nahe liegenden Gründen einigen Einfluss auf die Rezeption der Bohmschen Mechanik, die ja schließlich diesem etablierten mathematischen Resultat zu widersprechen scheint. Deshalb soll an dieser Stelle kurz skizziert werden, warum die Voraussetzungen des Satzes zu speziell sind, um die allgemeinen Schlussfolgerungen aus ihm zu rechtfertigen.

Neumann formulierte die Frage, ob eine Theorie »dispersionsfreier« Zustände möglich sei, d.h. von Zuständen, die hinsichtlich der Erwartungswertbildung immer einen (durch verborgene Variablen) festgelegten Wert ergeben. Für eine hypothetische Verallgemeinerung der Quantenmechanik durch solche Variablen forderte er (unter anderem) folgende Bedingungen:

1. Observablen werden durch hermitesche Operatoren dargestellt

2. Es seien $\mu, \nu \in \mathbb{R}$ und A, B hermitesche Operatoren. Für den zusammengesetzten Operator $C = \mu A + \nu B$ sei die Erwartungswertbildung linear, d. h.

$$\langle C \rangle = \mu \langle A \rangle + \nu \langle B \rangle$$

Man beachte, dass für dispersionsfreie Zustände Erwartungs- und Eigenwert gerade identisch sind. Aus diesen Forderungen lässt sich leicht ein Widerspruch ableiten. Betrachten wir als Observable die Spinkomponenten mit zugehörigen Operatoren σ_x und σ_y. Ihre Eigenwerte sind offensichtlich $1/2$ und $-1/2$ (in Einheiten von $\hbar$). Fordert man nun Bedingung (2) für die Linearkombination $\frac{1}{\sqrt{2}}(\sigma_x + \sigma_y)$, so ergibt sich folgende Beziehung[13]:

$$\left\langle \frac{1}{\sqrt{2}}(\sigma_x + \sigma_y) \right\rangle = \frac{1}{\sqrt{2}} \left(\pm \frac{1}{2} \pm \frac{1}{2} \right) \qquad (4.25)$$

Tatsächlich finden sich bei einer Spinmessung entlang der Winkelhalbierenden zwischen x- und y-Achse (und nichts anderes beschreibt unsere Linearkombination von Spinoperatoren) ebenfalls nur Werte von $\pm 1/2$. Dieser Wert kann jedoch durch keine Vorzeichenkombination auf der rechten Seite von Gleichung 4.25 erreicht werden. Die Annahme dispersionsfreier Zustände, die die Bedingungen (1) und (2) erfüllen, führt also zu einem Widerspruch.

Die Voraussetzungen schienen von Neumann allgemein genug, um den Schluss zu rechtfertigen, dass eine Vervollständigung der Quantenmechanik mit verborgenen Variablen unmöglich sei. Vielmehr müsse jede deterministische Theorie der Quantenphänomene eine grundlegend andere Struktur aufweisen. Mit diesem Resultat aus dem Jahre 1932 schienen alle Spekulationen über verborgene Variablen innerhalb der Quantenmechanik hinfällig.

Es war Bell, der zuerst darauf hinwies, dass die Linearität der Erwartungswerte (Bedingung 2) physikalisch unsinnig ist, wenn die betreffenden Operatoren nicht kommutieren[14]. Schließlich repräsentieren die verschiedenen Operatoren das Ergebnis unterschiedlicher Messungen! Zudem haben in einer Theorie verborgener Variablen Erwartungswerte keinen statistischen Charakter. Die Wahrscheinlichkeitsaussagen der Quantenmechanik kann eine Theorie verborgener Variablen dadurch reproduzieren, dass ihre Zustände über die Verteilung der zusätzlichen

---

[13] Dieses einfache Beispiel stammt nicht von v. Neumann, sondern von Bell [12].

[14] Diese Überlegungen veranlassten Bell im Übrigen, die nach ihm benannte Ungleichung zu entwickeln. Die Bellsche Ungleichung ist ebenfalls eine Aussage über die Unverträglichkeit von Quantenmechanik und Theorien verborgener Variablen, allerdings unter *viel* allgemeineren Bedingungen. In Kapitel 6 werden wir uns ausführlich mit diesen beschäftigen. Es sei aber an dieser Stelle bereits vorweggenommen, dass Bells Theorem die Unmöglichkeit von *lokalen* Theorien verborgener Variablen behauptet. Aus diesem Grund besteht auch hier kein Widerspruch zur Bohmschen Mechanik. Tatsächlich war es die Nichtlokalität der Bohmschen Mechanik, die Bell zu seiner Untersuchung angeregt hat.

4.9 Über die Unmöglichkeit einer Theorie verborgener Variablen

Parameter gemittelt werden. Die Bohmsche Theorie leistet genau das. Formal besteht die Struktur des Neumannschen Beweises darin, die Frage nach der Existenz einer Abbildung $V_\lambda^\psi(\mathcal{O})$ zu stellen, die bei gegebenem Zustand ψ und Wert der verborgenen Variable λ die Operatoren $\mathcal{O}$ auf ihre Messwerte abbildet. Neumann zeigt, dass eine solche Abbildung die Linearitätsforderung der Erwartungswertbildung verletzt. In der Bohmschen Mechanik gilt hingegen:

$$\int_{-\infty}^{\infty} d\lambda \rho(\lambda) V_\lambda^\psi(\mathcal{O}) = \langle \psi | \mathcal{O} | \psi \rangle \tag{4.26}$$

Die Vorhersagen der Quantenmechanik werden also reproduziert, da eine Mittelung über die statistisch verteilten Anfangsbedingungen $\rho(\lambda)$ stattfindet.

Die Theoreme von Gleason und Kochen-Specker

Wir sahen im vorigen Absatz, dass die Schwäche des Neumannschen Beweises in der Linearitätsforderung besteht. Angewendet auf nicht-kommutierende Operatoren ist sie physikalisch unsinnig. Es existieren jedoch noch andere »Unmöglichkeits-Theoreme«, die den Vorzug haben, die Linearität für nicht-kommutierende Operatoren *nicht* mehr vorauszusetzen. Die bekanntesten Resultate dieser Art stammen von A. M. Gleason (1957) sowie S. Kochen und E. P. Specker (1967) [72, 73]. Man mag sich wundern, warum angesichts der Bohmschen Mechanik als Gegenbeispiel noch weiter Beweise für die Unmöglichkeit einer Theorie verborgener Variablen gesucht wurden. Noch erstaunlicher erscheint allerdings, dass sie sogar gefunden wurden! Es ist wie im Neumannschen Fall instruktiv zu untersuchen, durch welche Voraussetzung diese Theoreme keine Anwendbarkeit auf die Bohmsche Mechanik haben. Tatsächlich machen alle diese Theoreme höchst relevante Aussagen über die Quantenmechanik sowie die Einschränkungen, denen *jede* Theorie verborgener Variablen unterliegen muss, wenn sie die Ergebnisse der Quantenmechanik reproduzieren will. Im Falle von Gleason und Kochen-Specker lautet das entscheidende Stichwort *Kontextualität*, d. h. die Abhängigkeit eines Messergebnisses von der konkreten experimentellen Anordnung. In Abschnitt 5.2 wird dieser Punkt genauer betrachtet werden, nachdem die Diskussion des Messprozesses in der Bohmschen Mechanik die notwendigen Begriffe bereitgestellt hat.

5 Messung und »Observable« in der Bohmschen Mechanik

Bis zu dieser Stelle haben wir gesehen, dass in der Bohmschen Mechanik eine explizite Auszeichnung des Ortes vor allen anderen Observablen stattfindet. Jedes System ist in der Bohmschen Mechanik durch Wellenfunktion und Anfangsort *eindeutig* festgelegt. Dies führt zu dem häufigen Einwand gegen die Bohmsche Mechanik, was mit den anderen Größen, wie Impuls, Energie, Spin etc. sei. Im selben Zusammenhang hat Bell [12] die folgende Aussage getroffen:

> In physics the only observations we must consider are position observations, if only the positions of instrument pointers. It is a great merit of the de Broglie-Bohm picture to force us to consider this fact. If you make axioms, rather than definitions and theorems, about the »measurement« of anything else, then you commit redundancy and risk inconsistency.

Naiv würde man allerdings erwarten, dass die Bohmsche Mechanik den Teilchen auf ihren Trajektorien auch kontinuierliche Funktionen für andere Größen zuordnet. Dies ist nicht der Fall[1]. Der Ausgang eines Experimentes zur Messung von Spin, Energie, Impuls etc. wird ebenso wie alle anderen Wechselwirkungen in der Bohmschen Mechanik durch Anfangsort und Wellenfunktion festgelegt. Diese Größen (bzw. ihr späterer »Messwert«) sind nicht direkt dem Teilchen auf der Bohmschen Trajektorie zugeordnet, sondern gewinnen ihren Wert (und damit auch ihre Bedeutung) erst aus dem Zusammenspiel von Wellenfunktion, Teilchenort und Messapparatur.

Es wird sich im Folgenden zeigen, dass die Bohmsche Mechanik dadurch nicht weniger als eine komplette Umdeutung des Observablenkonzeptes der Quantenmechanik leistet.

---

[1] In [5] findet sich tatsächlich ein solcher Versuch. Holland führt in seinem Buch für einen beliebigen Operator $\hat{A}$ die Funktion $A(x,t) = \frac{Re(\psi^*(\hat{A}\psi))}{|\psi|^2}$ ein, die dem kontinuierlichen Wert der entsprechenden Observablen entlang der Bohmschen Trajektorie entsprechen soll. Unter Erwartungswertbildung $\langle A(t) \rangle = \int |\psi|^2 A(x,t) dx$ reproduziert man tatsächlich die Erwartungswerte der Quantenmechanik. Allerdings sind diese Größen weder erhalten noch entsprechen diese kontinuierlichen Werte den Ergebnissen einer Messung. Deshalb folgen wir in diesem Punkt – genauso wie bei der Frage der Einschätzung des Quantenpotentials – der Darstellung von Dürr, Goldstein, Zanghì et al. [4, 8, 9, 10, 11]. Siehe dazu auch Abschnitt 4.6.

5.1 Die Messung in der Bohmschen Mechanik

Wir stellen nun die Lösung des Messproblems innerhalb der Bohmschen Mechanik dar, bzw. genauer, wir zeigen, dass innerhalb der de Broglie-Bohm Theorie ein »Messproblem« gar nicht erst auftritt.

Nach der herkömmlichen Interpretation der Quantenmechanik kommt dem Messprozess eine besondere Bedeutung zu. Betrachten wir die Messung einer Observablen, der der Operator $\hat{A}$ zugeordnet ist. Im Allgemeinen befindet sich der Zustand, an dem die Messung durchgeführt wird, in einer Überlagerung von Eigenzuständen $\psi = \sum c_n \psi_n$, mit $\hat{A}\psi_n = n\psi_n$ und c_n komplexen (und geeignet normierten) Koeffizienten. Die Quantenmechanik besagt, dass die Messung mit der Wahrscheinlichkeit $|c_n|^2$ den Eigenwert n ergeben wird.

Der Messprozess scheint also eine Zustandsänderung $\psi \to \psi_n$ zu induzieren, die auch als »Kollaps der Wellenfunktion« bezeichnet wird. Der »Kollaps« durch die Messung ist eine nichtunitäre Zeitentwicklung, die *nicht* von der Schrödingergleichung beschrieben wird. In Abschnitt 3.2 haben wir einige der Schwierigkeiten diskutiert, die die Erklärung dieses Vorganges innerhalb der Quantenmechanik bereitet. Exemplarisch haben wir die Lösungsversuche der Kopenhagener Deutung und der Ensemble-Interpretation für das Messproblem behandelt. Im ersten Fall wird der erkenntnistheoretische Status der Wellenfunktion relativiert. In der Kopenhagener Deutung beschreibt sie keinen objektiven »Ablauf von Ereignissen in der Zeit« (Heisenberg). In der Ensemble-Interpretation hingegen entschärft man das Messproblem dadurch, dass der Gegenstandsbereich der Theorie eingeschränkt wird. Die Wellenfunktion beschreibt nun nur noch die statistischen Eigenschaften einer großen Zahl identisch präparierter Objekte.

In der Bohmschen Mechanik sind diese Einschränkungen nicht mehr nötig, und die Wellenfunktion ist Teil einer objektiven (d. h. beobachterunabhängigen) Beschreibung *individueller* Objekte.

Wie kann man in der Bohmschen Mechanik verstehen, dass Messungen immer zu Eigenwerten der Observablen führen – man denke etwa an diskrete Atomspektren. Zuerst müssen wir die Frage stellen, was eine Messung überhaupt ist. Es handelt sich dabei um eine kontrollierte Wechselwirkung[2] zwischen »Messobjekt« und »Messgerät«, in deren Folge ein Teil des Messgerätes mit einer Eigenschaft des Messobjektes korreliert und zu einer makroskopischen Veränderung führt (z. B. dem Ausschlag eines Messgerätes).

Ein wichtiger Schritt besteht nun darin, die Wellenfunktion des Messgerätes mit einzubeziehen. Während der Messung durchlaufen beide eine Zeitentwicklung, die durch den Hamiltonoperator der »Messwechselwirkung« gegeben ist. Betrachten wir ein einfaches Beispiel, in dem die untersuchte Observable nur zwei Eigenwerte besitzt. Sei Φ_0 die Wellenfunktion des Messgerätes vor der Messung und Φ_1 bzw. Φ_2 entspreche den Zuständen der Apparatur nach Messung je eines der

---

[2] Tatsächlich lassen sich auch Fälle konstruieren, in denen Informationen über das Messobjekt *ohne* Wechselwirkung mit ihm gewonnen werden! In solchen »Nullexperimenten« kann gerade durch das Ausbleiben eines Signals auf eine Systemeigenschaft geschlossen werden.

5.1 Die Messung in der Bohmschen Mechanik

Eigenwerte. Dem Messobjekt sei die Wellenfunktion ψ zugeordnet, und ψ_1 bzw. ψ_2 seien die Eigenzustände der zwei Eigenwerte. Befindet sich das Messobjekt vor der Messung in einem der Eigenzustände, erwarten wir natürlich:

$$\hat{U}(\psi_1 \otimes \Phi_0) = \psi_1 \otimes \Phi_1$$
$$\hat{U}(\psi_2 \otimes \Phi_0) = \psi_2 \otimes \Phi_2$$

$\hat{U}$ bezeichnet die unitäre Zeitentwicklung des Systems, die aus dem Hamiltonoperator der Wechselwirkung abgeleitet werden kann. Im Allgemeinen wird sich ψ jedoch in einer Überlagerung der Eigenzustände befinden, also:

$$\psi = c_1\psi_1 + c_2\psi_2 \tag{5.1}$$

Betrachtet man die Wirkung der Zeitentwicklung $\hat{U}$ auf den Zustand 5.1, folgt aus der Linearität der Schrödingergleichung:

$$\hat{U}(\psi \otimes \Phi_0) = c_1\psi_1 \otimes \Phi_1 + c_2\psi_2 \otimes \Phi_2 \tag{5.2}$$

Bis zu dieser Stelle ist bei der Diskussion noch gar kein Bezug auf die Bohmsche Mechanik genommen worden, und tatsächlich sind wir bereits in Abschnitt 3.2 bei der Behandlung des Messproblems auf diese anscheinend paradoxe Überlagerung makroskopisch verschiedener Zustände geführt worden.

In der Bohmschen Mechanik löst sich das Messproblem an dieser Stelle durch den einfachen Hinweis, dass die Wellenfunktion nur *einen* Teil der Beschreibung darstellt. Gleichung 5.2 darf deshalb durchaus als die Wellenfunktion eines *einzelnen* Messgerätes gedeutet werden. Der *vollständige* Zustand des Systems ist jedoch erst durch Wellenfunktion *und* Konfiguration (d. h. die Teilchenorte) charakterisiert. Dem Objekt, an dem die Messung durchgeführt wird, ist eine Teilchenbahn zugeordnet, die in einer kontinuierlichen und deterministischen Entwicklung einen Zweig der Wellenfunktion erreicht hat. Zufällig ist der Ausgang des Experimentes also nur für uns, weil wir die Anfangsbedingung nicht kennen. Von diesen Teilchenorten wissen wir jedoch, dass sie jederzeit gemäß der Quantengleichgewichtshypothese verteilt sind:

$$|c_1\psi_1 \otimes \Phi_1 + c_2\psi_2 \otimes \Phi_2|^2 = \tag{5.3}$$
$$|c_1|^2|\psi_1|^2|\Phi_1|^2 \quad + \quad |c_2|^2|\psi_2|^2|\Phi_2|^2 + \text{Interferenzterm}$$

Die Zustände Φ_1 und Φ_2 repräsentieren, wie erwähnt, makroskopisch verschiedene Ausgänge der Messung (man denke etwa an Zeigerstellungen etc.). Im Konfigurationsraum werden diese Zustände also nur einen minimalen Überlapp haben. Dadurch kann aber gerade der Interferenzterm ($\propto \Phi_1^*\Phi_2$) in Beziehung 5.3 vernachlässigt werden. Gleichung 5.3 besagt also, dass mit der Wahrscheinlichkeit $|c_1|^2$ der mit 1 indizierte Zustand erreicht wird und mit der Wahrscheinlichkeit $|c_2|^2$ der andere Ausgang des Experimentes eintritt. Dies liefert gerade dasselbe Resultat wie die Bornsche Wahrscheinlichkeitsinterpretation.

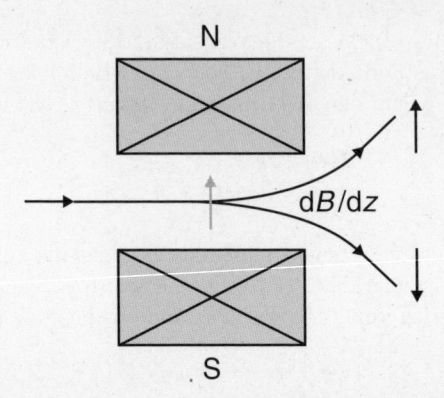

Abbildung 5.1: Schematische Anordnung des Stern-Gerlach-Experimentes.

Man erkennt, dass der konkrete Ausgang des Experiments durch den Anfangsort des Teilchens festgelegt wird. Seine kontinuierliche Trajektorie hat es in einen Zweig der Wellenfunktion geführt, und deshalb wird die Messung auf einen der beiden möglichen Ausgänge führen.

5.1.1 Effektive Wellenfunktion und Kollaps

Dabei entspricht die Wellenfunktion ψ_i (falls Ausgang i gemessen wurde) genau der »effektiven« Wellenfunktion, die in Abschnitt 4.4 (Gleichung 4.20) eingeführt wurde. Man beachte, dass sich die Zerlegungen 4.20 und 5.2 entsprechen. In der Bohmschen Mechanik findet in diesem Sinne die Beschreibung eines »effektiven« Kollapses statt. Dieser ist jedoch weder zufällig noch durch den Einfluss eines Beobachters ausgelöst! Die Zweige der Wellenfunktion, in die keine Teilchentrajektorie geführt hat, können vernachlässigt werden, da die makroskopisch disjunkten Träger und Dekohärenzeffekte ihren weiteren dynamischen Einfluss verhindern[3].

5.2 Interpretation des Messprozesses: Kontextualität

Im vorletzten Abschnitt wurde erläutert, wie in der Bohmschen Mechanik der Messprozess beschrieben wird. Wir finden in natürlicher Weise, dass eine Entwicklung in *kontinuierlichen* Bahnen trotzdem zu *diskreten* Ergebnissen führt.

Betrachten wir als konkretes Beispiel das Stern-Gerlach-Experiment, also die Aufspaltung eines Teilchenstrahles[4] in einem inhomogenen Magnetfeld (siehe

---

[3] Bell hat darauf hingewiesen [12], dass die Bohmsche Mechanik an dieser Stelle der Viele-Welten-Interpretation [35] der Quantenmechanik ähnelt. Dort wird ebenfalls die physikalische Realität aller Zweige der Wellenfunktion angenommen. In Ermangelung der Bahnkurve, die einen dieser Zweige auszeichnet, spaltet sich die Welt jedoch in gleichberechtigte »Paralleluniversen«.

[4] Das tatsächliche Experiment kann etwa mit Silberatomen durchgeführt werden. Die Verwendung

Abb. 5.1). Herkömmlicherweise interpretiert man das Resultat als Aufspaltung der Teilchen in »spin-up«- und »spin-down«-Anteil. In der Bohmschen Mechanik entscheidet jedoch der Anfangsort der Trajektorie (man beachte: der Ort), in welchem Wellenpaket sich das Teilchen nach Durchgang durch den Magneten befindet. Für den Ausgang der Messung ist also ein hypothetischer »Teilchenspin« überhaupt nicht verantwortlich! Der »Spin« ist in diesem Bild also eine Eigenschaft der Spinor-Wellenfunktion und nicht der Teilchen selbst.

In Wirklichkeit ist aber selbst die Zuordnung des gemessenen Spin zur Wellenfunktion alleine nicht ohne Probleme. Offensichtlich hat die Tatsache der Aufspaltung und die genaue Art der Aufspaltung genauso viel mit der konkreten experimentellen Anordnung zu tun!

Dieser Sachverhalt wird am drastischsten durch folgendes Gedankenexperiment illustriert: Wir betrachten zwei Stern-Gerlach-Anordnungen von der Art, wie in Abbildung 5.1 dargestellt. Diese beiden Apparaturen unterscheiden sich lediglich durch die Richtung des Magnetfeldes: Anordnung (1) habe den Nordpol oberhalb des Südpols, Anordnung (2) genau entgegengesetzt. In welchem Zweig der aufgespaltenen Wellenfunktion sich ein Teilchen nach Durchgang durch den Magneten befindet, hängt in der Bohmschen Mechanik nur von seinem Anfangsort ab. Falls die Anfangsbedingung eine Ablenkung nach oben bewirkt (der Anfangsort also oberhalb der Symmetrieebene liegt), wird dem Teilchen in Anordnung (1) also ein Spin von $+1/2$ zugeordnet, bei Anordnung (2) jedoch $-1/2$! Welche Bedeutung kann man in dieser Situation dem Begriff »Spin vor der (bzw. ohne) Messung« geben?

Analog lässt sich für alle anderen Observablen argumentieren, etwa bei einer Energie- oder Impulsmessung durch Ablenkung geladener Teilchen in magnetischen Feldern. In diesem Sinne ist der Ort die einzige »Eigenschaft« des Teilchens[5], und was man lax »Impuls des Teilchens« (bzw. »Energie«, »Drehimpuls« etc.) nennt, ist lediglich das Ergebnis eines entsprechenden Messexperimentes. Ein solches Experiment macht mehr als lediglich eine Teilcheneigenschaft zu erkunden, sondern erzeugt im Wortsinn das Resultat durch die Verschränkung von Objektwellenfunktion mit der Wellenfunktion des Messgerätes.

Die genaue Analyse der »Messung«, die die Bohmsche Mechanik erlaubt, führt also zu einer vollkommenen Umdeutung des Observablen- und Operatoren-Konzeptes. Der nächste Abschnitt stellt dies in einen größeren Zusammenhang.

---

neutraler Teilchen vermeidet die Komplikation, eine zusätzliche Wechselwirkung berücksichtigen zu müssen. Diskutiert ein Autor das Stern-Gerlach-Experiment mit Elektronen, handelt es sich mit großer Wahrscheinlichkeit um einen Mathematiker oder theoretischen Physiker.

[5] Eine gesonderte Diskussion verdienen jene Eigenschaften, denen auch innerhalb der Quantenmechanik keine Operatoren zugeordnet sind, wie z. B. Masse und Ladung. Auch in diesen Fällen ist es problematisch, diese Attribute direkt den Teilchen zuzuordnen. Dickson [76] behandelt den hypothetischen Fall, dass bei einem Neutroneninterferenzexperiment der Einfluss der Gravitation untersucht wird. Der Einfluss der Gravitation modifiziert die Vorhersagen der Quantenmechanik, also die verschiedenen Zweige der Wellenfunktion. Das Teilchen der Bohmschen Mechanik wählt hingegen einen Zweig aus. Daraus folgt offensichtlich, dass die Eigenschaft »Masse« ebenfalls nicht dem Teilchen, sondern der Wellenfunktion zugeordnet werden muss.

5.2.1 »Naiver Realismus« über Operatoren

In [77] wird dieser Befund verwendet, um eine »ontologische Differenz« zwischen dem Ort und allen anderen Observablen[6] zu begründen:

> Unlike position, spin is not *primitive*, i.e. no *actual* discrete degrees of freedom, analogous to the *actual* positions of the particles, added to the state description in order to deal with »particles with spin«.

Hier wird genau auf den Punkt abgehoben, dass sich das Ergebnis der Spinmessung aus dem Zusammenspiel von Anfangsort, Objektwellenfunktion und Apparatwellenfunktion ergibt. Dieser Zusammenhang wird auch als »Kontextualität« bezeichnet. Dazu schreiben Dürr et al. [77] weiter:

> Properties that are merely contextual are not properties at all, they do not exist, [...] We thus believe that contextuality reflects little more than the rather obvious observation that the result of an experiment should depend upon how it is performed!

Ergebnisse eines Messexperimentes als reale Eigenschaften des Messobjektes aufzufassen oder ihnen überhaupt eine objektive Bedeutung zu geben, die von der konkreten Messung unabhängig sind, bezeichnen die Autoren von [77] demnach als »naiven Operator-Realismus«[7].

Dieses Argument trifft die Quantenmechanik in ihrem Kern: Üblicherweise werden dort die Operator-Observablen als zentraler Bestandteil der Theorie eingeführt. Der Übergang von kontinuierlichen Feldgrößen zu Operatoren wird sogar schlechthin als *Quantisierung* bezeichnet, und das Nichtvertauschen der Operatoren wird als fundamentale Neuerung der Quantenmechanik gedeutet. Die obige Diskussion hat jedoch gezeigt, dass innerhalb der Bohmschen Mechanik bis auf den Ort alle Eigenschaften »kontextuell« sind, also nicht einem Systembestandteil alleine zugeordnet werden können. Operatoren sind in diesem Sinne formale mathematische Objekte, die den Ausgang bestimmter Wechselwirkungen (»Messungen«) beschreiben. Sie sind nicht im gleichen Sinne fundamental wie Ort und Wellenfunktion, die den Ausgang jedes Experimentes – genauso wie jede

---

[6] Der zitierte Text verwendet den »Spin« ebenfalls nur als ein konkretes Beispiel.

[7] »Naiver Realismus« ist hier im gleichen Sinne aufzufassen wie die direkte Zuordnung sinnlich wahrnehmbarer Qualitäten zu Objekten der realen Welt. Etwa den Farbeindruck »rot«, den eine Blume auslöst, als Eigenschaft dieser Blume aufzufassen – ohne Berücksichtigung der anderen ihn erst konstituierenden Umstände wie »Lichteinfall« oder »Wahrnehmung« (man denke etwa an die Situation eines Farbenblinden). Diese Diskussion führte in der Philosophie schließlich zur Trennung von *primären* und *sekundären* Qualitäten. Als primär wurde »Lage im Raum« und »Bewegung« aufgefasst und als sekundär die Bestimmungen wie »Farbe«, »Geruch« etc. Natürlich zeigte eine nähere Betrachtung, dass auch diese Sichtweise vollkommen naiv ist! Schließlich sind »Lage im Raum« und »Bewegung« uns ebenfalls nur als sinnliche Eindrücke vermittelt. Für unsere Zwecke ist die Unterscheidung jedoch sinnvoll, denn es geht um die Frage, welche Bestimmungsstücke in der *physikalischen Theorie* das System vollständig charakterisieren. Mithin ist vom philosophischen Standpunkt die Möglichkeit nicht ausgeschlossen, dass zu irgendeinem späteren Zeitpunkt eine physikalische Theorie auf den Begriffen »Farbe« und »Geruch« aufbauend eine konsistente Beschreibung der Welt liefert.

andere Zeitentwicklung – festlegen. Eine genaue mathematische Darstellung der Rolle der hermiteschen Operatoren in der Bohmschen Mechanik findet sich in [4]. An dieser Stelle lernt man, dass die übliche Quantenmechanik nicht einfach in die Bohmsche Mechanik eingebettet ist, sondern eine Umdeutung zentraler quantenmechanischer Konzepte stattfindet.

Originellerweise steht dieses Argument in großer Nähe zu Bohrs Auffassung, die in der Einleitung bereits zitiert wurde:

> The procedure of measurement has an essential influence on the conditions on which the very definition of the physical quantities in question rests. [78]

Bohr insistierte immer wieder auf dieser engen Verbindung von experimenteller Anordnung und den daraus gewonnenen »Objekteigenschaften«. Diesem Aspekt der Interpretation wird jedoch, unabhängig vom Lippenbekenntnis fast aller Physiker zur Kopenhagener Deutung, wenig Beachtung geschenkt.

Es wird an dieser Stelle deutlich, dass die Bohmsche Mechanik *keine* Zuordnung (bzw. Abbildung) aller Operatoren auf die »tatsächlichen« bzw. »objektiven« Werte der zugehörigen Observablen liefert. Erst durch die konkrete experimentelle Anordnung (also den »Kontext«) wird das Ergebnis jeglicher Messung in der Bohmschen Mechanik determiniert. Zahlreiche Beweise einer Unmöglichkeit von Theorien verborgener Variablen argumentieren aber gerade mit der Unmöglichkeit der Konstruktion einer solchen Abbildung. Was diese Theoreme beweisen, ist also lediglich die Kontextualität der Quantenmechanik bzw. die notwendige Kontextualität jeder Theorie verborgener Variablen, die in Übereinstimmung mit den Befunden der Quantenmechanik ist. Im folgenden Abschnitt untersuchen wir mit dem Satz von Kochen-Specker eines der wichtigsten dieser Theoreme.

5.2.2 Das Kochen-Specker-Theorem

Das Theorem von Kochen und Specker stellt eine Verallgemeinerung des Neumannschen Beweises der Unmöglichkeit von Theorien verborgener Variablen dar. In Abschnitt 4.9 hatten wir erläutert, wie der ursprüngliche Beweis von v. Neumann die physikalisch unsinnige Annahme der Linearität der Erwartungswertbildung für beliebige (also auch nicht-kommutierende) Operatoren macht. Gerade an dieser Stelle setzten Kochen und Specker an.

Satz von Kochen-Specker: Es ist im Allgemeinen unmöglich, eine Abbildung v anzugeben, welche die Operatoren $A, B, C, \ldots$ auf ihre Messwerte $v(A), v(B), v(C), \ldots$ abbildet und die folgenden Bedingungen erfüllt:

1. $v(X)$ ist ein Eigenwert des Operators X, mit $X \in \{A, B, C, \ldots\}$

2. Falls für paarweise *kommutierende* Operatoren die Relation $f(A, B, C, \ldots) = 0$ gilt, so soll diese auch für die Bilder unter v gelten, also $f(v(A), v(B), v(C), \ldots) = 0$.

Die Originalarbeit [73] verwendete 117 Operatoren in einem dreidimensionalen Zustandsraum, um ein Gegenbeispiel zu konstruieren. Zwischenzeitlich wurden zahlreiche einfachere Beweise gefunden. Unsere Darstellung bezieht sich auf [79], in der 9 Operatoren in einem vierdimensionalen Zustandsraum betrachtet werden[8].

Vorbemerkungen zum Beweis

Wir stellen unsere Observable durch Paulimatrizen σ_μ^k und σ_ν^j zweier unabhängiger Spin 1/2 Teilchen dar[9]. Der obere Index bezeichnet die Teilchennummer, der untere kennzeichnet die Spinrichtung. Es gelten die bekannten Eigenschaften der Paulimatrizen:

1. Die Eigenwerte sind ± 1
2. Alle Komponenten für unterschiedliche Teilchen kommutieren
3. Es gilt $\sigma_\mu \cdot \sigma_\mu = \mathbf{1}$
4. $\sigma_x^j \cdot \sigma_y^j = i\sigma_z^j$ mit $j \in \{1, 2\}$

Diese Relationen können etwa an der folgenden Darstellung der Paulimatrizen verifiziert werden:

$$\sigma_x = \begin{pmatrix} 0 & 1 \\ 1 & 0 \end{pmatrix}, \quad \sigma_y = \begin{pmatrix} 0 & -i \\ i & 0 \end{pmatrix}, \quad \sigma_z = \begin{pmatrix} 1 & 0 \\ 0 & -1 \end{pmatrix}$$

Beweis

Der Beweis besteht in der Konstruktion eines Gegenbeispiels. Der Übersicht halber zerlegen wir ihn in die folgenden Schritte:

- Wir betrachten die folgenden 9 Operatoren[10]:

$$\sigma_x^1 \quad \sigma_x^2 \quad \sigma_x^1\sigma_x^2$$

$$\sigma_y^2 \quad \sigma_y^1 \quad \sigma_y^1\sigma_y^2$$

$$\sigma_x^1\sigma_y^2 \quad \sigma_x^2\sigma_y^1 \quad \sigma_z^1\sigma_z^2$$

Die Anordnung ist so gewählt, dass die Größen in jeder Spalte und Zeile kommutieren. Diese Operatoren erfüllen also die Voraussetzung des Kochen-Specker-Theorems.

---

[8] Zusätzlich analysiert Mermin in [79] den engen Zusammenhang zwischen Kochen-Specker und dem Bell-Theorem. Eine noch ausführlichere Darstellung dieser Fragen hat er in [80] gegeben.

[9] Tatsächlich handelt es sich nur um eine Darstellung, in der *beliebige* Operatoren eines vierdimensionalen Raumes entwickelt werden können. Die Diskussion ist in keiner Weise auf die Eigenschaft »Spin« beschränkt.

[10] Streng genommen müssten wir schreiben: $\sigma_x^1 \sigma_x^2 = \sigma_x^1 \otimes \sigma_x^2$ bzw. $\sigma_x^1 = \sigma_x^1 \otimes \mathbf{1}$ etc.

- Man erkennt, dass das Produkt aller Elemente einer *Zeile* die Einheitsmatrix **1** ergibt. Dasselbe gilt für das Produkt aller Elemente der ersten und zweiten *Spalte*. Das Produkt der Elemente der letzten Spalte führt hingegen auf -1. Im Folgenden geben wir zwei Beispiele für die entsprechenden Rechnungen:

$$\text{1. Zeile}$$
$$\sigma_x^1 \sigma_x^2 \sigma_x^1 \sigma_x^2$$
$$= \underbrace{\sigma_x^1 \sigma_x^1}_{=1} \underbrace{\sigma_x^2 \sigma_x^2}_{=1}$$
$$= \mathbf{1}$$

$$\text{3. Spalte}$$
$$\sigma_x^1 \sigma_x^2 \sigma_y^1 \sigma_y^2 \sigma_z^1 \sigma_z^2$$
$$= \underbrace{\sigma_x^1 \sigma_y^1}_{=i\sigma_z^1} \underbrace{\sigma_x^2 \sigma_y^2}_{=i\sigma_z^2} \sigma_z^1 \sigma_z^2$$
$$= i\sigma_z^1 i\sigma_z^2 \sigma_z^1 \sigma_z^2$$
$$= -1 \underbrace{\sigma_z^1 \sigma_z^1}_{=1} \underbrace{\sigma_z^2 \sigma_z^2}_{=1}$$
$$= \mathbf{-1}$$

Bei diesen einfachen Rechnungen werden also Paulimatrizen, die sich auf verschiedene Teilchen beziehen, so vertauscht, dass schließlich die Relationen $(\sigma_\mu^j)^2 = \mathbf{1}$ sowie $\sigma_x^j \cdot \sigma_y^j = i\sigma_z^j$ angewendet werden können.

- Dass das Produkt aller Zeilen und Spalten **1** (bzw. -1 für die 3. Spalte) ergibt, ist nun der funktionale Zusammenhang f zwischen den paarweise kommutierenden Operatoren, den wir betrachten. Er wird also auch für die Bilder unter der gesuchten Abbildung $v(\cdot)$ gefordert.

  Diese Forderung ist jedoch widersprüchlich! Die Zeilenidentitäten erfordern, dass das Produkt aller drei Zeilen 1 ergibt, wohingegen die Spaltenidentitäten als Produkt aller drei Spalten -1 fordern. In beiden Fällen handelt es sich aber um das Produkt derselben 9 Elemente.

Daraus folgt, dass die Konstruktion einer Abbildung v (die den Operatoren ihre Messwerte zuordnet) mit obigen Eigenschaften im Allgemeinen nicht möglich ist.

Schlussfolgerungen

Man beachte, dass die Bedeutung dieses Satzes weit über die Diskussion der Bohmschen Mechanik bzw. verborgener Variablen hinausreicht. Mermin bemerkt dazu [79]:

> Of course elementary quantum metaphysics insists that we can not assign definite values to non-commuting observables; the point of the Kochen-Specker theorem is to extract this directly from the quantum-mechanical formalism, rather than merely appealing to precepts enunciated by the founders.

Aus diesem Grunde, so Mermin weiter, sollte der Satz von Kochen-Specker in jedes Lehrbuch der Quantenmechanik aufgenommen werden.

Natürlich liegt die große Bedeutung dieses Satzes auch darin, eine bestimmte Klasse von Theorien verborgener Variablen auszuschließen. Es handelt sich um jene Theorien, die die Zuordnung eines »tatsächlichen« Wertes $v(A)$ ermöglichen, unabhängig davon, ob A als Element einer Menge kommutierender Operatoren $\{A, B, C\}$ oder $\{A, D, E\}$ gemessen wird. In der Sprechweise des letzten Abschnittes sind dies gerade »nicht-kontextuelle« Theorien, da unterschiedliche (und unverträgliche) experimentelle Anordnungen zur Messung der jeweiligen Operatorsätze nötig sind. Die Bohmsche Mechanik ist jedoch »kontextuell«, wie unsere Diskussion in Abschnitt 5.2 illustriert hat. Eine detaillierte Diskussion des Kochen-Specker-Theorems in Zusammenhang mit der Bohmschen Mechanik findet sich auch in [81, 82].

Der Satz von Kochen-Specker, mit dem die Autoren das Konzept der verborgenen Variablen zu Fall bringen wollten, kann also vollkommen entgegen der ursprünglichen Intention verwendet werden. Das Theorem beweist, dass die Kontextualität der Bohmschen Mechanik notwendig ist, um in Einklang mit den Vorhersagen der Quantenmechanik zu stehen. Ebenso wie seit der Bellschen Ungleichung jede Suche nach einer *lokalen* Theorie verborgener Variablen überflüssig geworden ist, gilt dasselbe für *nicht-kontextuelle* Theorien. Mit der Bellschen Ungleichung sowie der Problematik der Nichtlokalität in der Quantenmechanik beschäftigt sich das nächste Kapitel.

6 Lokalität, Realität, Kausalität and all that ...

Dieses Kapitel stellt einen zentralen Teil dieses Buches dar, obwohl die Bohmsche Mechanik gar nicht in seinem Mittelpunkt steht. Behandelt werden die Begriffe »Lokalität«, »Realität«, »Kausalität« und »Determinismus«. Es gehört zu den faszinierendsten Aspekten der Quantenmechanik, dass sie es erlaubt, diesen Themenkreis zum Gegenstand physikalischer Forschung und experimenteller Überprüfung zu machen[1].

Die Diskussion der wichtigsten Eigenschaft der Bohmschen Mechanik, nämlich ihrer Nichtlokalität, wird dadurch in einen größeren Zusammenhang gestellt. Ausgangspunkt all dieser Überlegungen war das berühmte Gedankenexperiment von Einstein, Podolsky und Rosen.

6.1 Das EPR-Experiment

1935 veröffentlichten Albert Einstein, Boris Podolsky und Nathan Rosen eine Arbeit mit dem Titel *Can Quantum Mechanical Description of Physical Reality be Considered Complete?* [83]. Nach den Anfangsbuchstaben der Autoren wurde die dort vorgeschlagene Anordnung EPR-Experiment genannt. In ihrer Untersuchung versuchen EPR nachzuweisen, dass die Quantenmechanik keine *vollständige* Beschreibung der physikalischen Realität liefert. Zu diesem Zweck geben sie folgende Kriterien an:

Vollständigkeit: Eine physikalische Theorie ist *vollständig*, wenn jedes Element der physikalischen Realität ein Gegenstück in der Theorie besitzt.

Diese Definition verwendet also den Begriff *physikalische Realität*. Ihn bestimmen die Autoren wie folgt:

Realitätskriterium: Wenn ohne jede Störung des Systems der Wert einer Größe mit Bestimmtheit vorausgesagt werden kann, dann existiert ein *Element der physikalischen Realität*, das dieser Größe entspricht.

Sie erwähnen weiter, dass in der Quantenmechanik Ort und Impuls (genauso wie allen anderen Observablen, denen nichtkommutierende Operatoren zugeordnet sind) eines Zustandes nicht gleichzeitig einen genauen Wert haben können.

---

[1] Abner Shimony hat deshalb den Ausdruck »experimentelle Metaphysik« für diesen Bereich der Forschung verwendet.

Im Sinne der EPR-Kriterien sind diese Merkmale also entweder nicht gleichzeitig Elemente der physikalischen Realität oder ist die Quantenmechanik keine vollständige Theorie. Wären nämlich Ort und Impuls real – hätten also einen definierten Wert – und wäre die Quantenmechanik gleichzeitig vollständig, müsste die Beschreibung durch die Wellenfunktion diese Werte beinhalten. Diese könnten dann vorausgesagt werden, was bekanntlich die Heisenbergsche Unschärferelation verletzt.

Nach diesen Vorbereitungen diskutieren EPR ein System, das aus zwei Teilen (I und II mit Koordinaten x_1 und x_2) besteht. Diese beiden Teile haben in der Vergangenheit in Wechselwirkung zueinander gestanden; diese sei jedoch zu dem betrachteten (späteren) Zeitpunkt nicht mehr möglich. EPR argumentieren nun, dass dem Gesamtsystem verschiedene Wellenfunktionen zugeordnet werden können[2], etwa:

$$\Psi(x_1, x_2) = \sum \psi_n(x_2) u_n(x_1) \qquad (6.1)$$
$$\text{bzw.} \qquad = \sum \phi_n(x_2) v_n(x_1) \qquad (6.2)$$

Dabei seien u_n bzw. v_n Eigenfunktionen zu Operatoren A und B, d. h.

$$Au_n = a_n u_n$$
$$Bv_n = b_n v_n$$

Führt eine Messung der Observablen A an Teil I also zu dem Ergebnis a_i, so wird Teil II durch die Wellenfunktion $\psi_i(x_2)$ beschrieben. Genauso gilt, dass eine Messung von B an Teil I mit dem Ergebnis b_i für den zweiten Systembestandteil die Wellenfunktion $\phi_i(x_2)$ herausprojiziert. Insofern die beiden Systembestandteile nach Voraussetzung in keiner Wechselwirkung zueinander stehen, werden die Eigenwerte der Zustände $\psi_i(x_2)$ und $\phi_i(x_2)$ als Elemente der physikalischen Realität konstituiert.

In einem zweiten Schritt zeigen EPR nun, dass der Zustand eines Systems und seine Entwicklung nach verschiedenen Basen so gewählt werden können, dass die beiden Wellenfunktionen ψ und ϕ Eigenfunktionen zu nichtkommutierenden Operatoren sind. Dazu betrachten EPR den folgenden Zustand[3]:

$$\Psi = \int \exp\left(\frac{i}{\hbar}(x_1 - x_2 + x_0)p\right) \mathrm{d}p \qquad \text{mit:} \quad x_0 = const. \qquad (6.3)$$

Dieser erlaubt z. B. folgende beiden Zerlegungen:

$$\Psi = \int \underbrace{\exp\left(-\frac{i}{\hbar}(x_2 - x_0)p\right)}_{=\psi_p(x_2)} \cdot \underbrace{\exp\left(\frac{i}{\hbar}x_1 p\right)}_{=u_p(x_1)} \mathrm{d}p \qquad (6.4)$$

---

[2] Es wird also ausgenutzt, dass derselbe Zustand nach verschiedenen Basen entwickelt werden kann.

[3] Da hier Operatoren mit kontinuierlichen Eigenwertspektren betrachtet werden, ist die Summe durch ein Integral ersetzt.

bzw.

$$\begin{aligned}\Psi &= \int \left[\int \exp\left(\frac{i}{\hbar}(x - x_2 + x_0)p\right) \mathrm{d}p\right] \delta(x_1 - x)\mathrm{d}x \\ &= h \int \underbrace{\delta(x - x_2 + x_0)}_{=\phi_x(x_2)} \cdot \underbrace{\delta(x_1 - x)}_{=v_x(x_1)} \mathrm{d}x \end{aligned} \quad (6.5)$$

Die Funktionen $u_p(x_1)$ und $v_x(x_1)$ sind nun Eigenfunktionen des Impulsoperators $(\hbar/i)\partial/\partial x_1$ (mit Eigenwert p) bzw. Ortsoperators X_1 (Eigenwert $x_1 = x$) des Teilsystems I. Nach Messung dieser Größen an Teil I kann für Teil II also »*ohne jede Störung*« vorausgesagt werden, dass er durch die Zustände $\psi_p(x_2)$ bzw. $\phi_x(x_2)$ beschrieben wird. Diese sind jedoch ebenfalls Eigenzustände von Impuls- bzw. Ortsoperator (mit Eigenwerten $-p$ bzw. $x_2 = x + x_0$). Im Sinne des Realitätskriteriums werden in jeder der beiden *möglichen* Messungen also Ort bzw. Impuls als Elemente der physikalischen Realität erwiesen. Natürlich kann zwar nur jeweils *eine* dieser Messungen tatsächlich durchgeführt werden, aber EPR machen die plausible Annahme, dass die Realität eines Merkmals unabhängig von den Operationen am jeweils anderen Objekt ist. Damit sei aber, so EPR, die Realität von Ort *und* Impuls desselben Teilchens – im Widerspruch zur Vollständigkeit der Quantenmechanik – konstituiert. Die Arbeit endet mit folgender Bemerkung:

> While we have thus shown that the wave function does not provide a complete description of the physical reality, we left open the question of whether or not such a description exists. We believe, however, that such a theory is possible.

Wir diskutieren im Folgenden die Erwiderung Bohrs auf dieses Gedankenexperiment, aber nach Max Jammer [84, S. 187] ist keiner der Autoren *zeitlebens* von der Unrichtigkeit der Schlussfolgerung überzeugt worden.

Anmerkungen

Die Darstellung des EPR-Argumentes im vorangegangenen Kapitel hat sich eng an die Originalarbeit angelehnt. Dieses Gedankenexperiment wird seit Jahrzehnten kontrovers diskutiert und ist in dieser Zeit immer wieder nacherzählt worden. Nicht selten sind diese Darstellungen jedoch ungenau. Eine verbreitete Trivialisierung des EPR-Experimentes lautet wie folgt:

Ein aus zwei Teilchen bestehendes System zerfällt. Die Symmetrie des Zerfalls erlaubt aus der Ortsmessung an einem der Teile, auf den Ort des anderen zu schließen. Aufgrund der Impulserhaltung kann ebenfalls aus einer Impulsmessung an einem der Teile der Impuls des anderen Teils bestimmt werden. Folglich sind Ort und Impuls Elemente der physikalischen Realität.

Eine solches Argument ist aber nur anwendbar, wenn Ort und Impuls des Systems vor dem Zerfall exakt bekannt sind (z. B. Zerfall im Ursprung, Gesamtimpuls Null). Hätten Einstein, Podolsky und Rosen auf diese Weise argumentiert, hätte zu ihrer Widerlegung der Hinweis genügt, dass ein solcher Anfangszustand die Unschärferelation verletzt. Der Zustand 6.3 hingegen, der in ihrer Analyse betrachtet wird, ist Eigenfunktion von *Ortsdifferenz* ($x_1 - x_2 = x_0$) und *Impulssumme* ($p_1 + p_2 = 0$). Da die zugehörigen Operatoren kommutieren, ist dies in völligem Einklang mit der Quantenmechanik.

Das tatsächliche EPR-Argument ist subtiler, da in ihm keine dynamische Beschreibung des Vorganges erfolgt (an keiner Stelle geht es um »zerfallende« Teilchen etc.). Der Zustand 6.3 ist unter keiner möglichen Dynamik erhalten, noch kann er aus einer irgendwie gearteten Dynamik hervorgehen [85]. Dieser Zustand existiert nur im Augenblick seiner Präparation, da ein Eigenzustand zur Abstandsdifferenz $x_1 - x_2$ kein stationärer Zustand sein kann [38, S. 585].

Tatsächlich wird durch diesen Umstand nicht nur die theoretische Analyse des EPR-Experimentes kompliziert; in seiner ursprünglichen Form ist das EPR-Experiment auch praktisch undurchführbar! Alle experimentellen Überprüfungen (und viele theoretische Analysen) beziehen sich deshalb auf die Umformulierung des EPR-Experimentes nach Bohm [22, S. 611]. Dort werden an Stelle von Ort und Impuls verschiedene Spinrichtungen betrachtet. In Abschnitt 6.1.2 werden auch wir diese Umformulierung der EPR-Anordnung betrachten.

Und noch in einer anderen Hinsicht scheint sich das Interesse an der EPR-Arbeit verlagert zu haben. Die aktuelle Diskussion wird durch die Schlagworte »Lokalität« und »Separabilität« bestimmt, also die Frage, ob die Quantenmechanik mittels einer wie auch immer gearteten *Fernwirkung* die EPR-Korrelation an im Prinzip beliebig weit entfernten Messapparaturen bewirkt. Im ursprünglichen EPR-Argument spielen diese Fragen zwar ebenfalls eine Rolle, im Mittelpunkt stand aber – wie zumindest der Titel anzudeuten scheint – eine Untersuchung der *Vollständigkeit* der Quantenmechanik[4].

Einstein äußerte sich später unzufrieden über die Formulierung der EPR-Arbeit, die ihm den entscheidenden Punkt »unter Gelehrsamkeit« zu begraben schien [86]. In der Tat ist die logische Struktur der EPR-Arbeit verwickelt[5]. Was aber ist dann der *entscheidende Punkt* bei Einstein? Die verbreitete Auffassung lautet, dass Einstein nach vergeblichen Versuchen, die Unrichtigkeit der Quantenmechanik zu begründen, in der EPR-Arbeit den letzten verzweifelten Versuch unternommen hat, wenigstens ihre Unvollständigkeit nachzuweisen. Nach Howard [90] ist diese Lesart inkorrekt. Vielmehr liefert die Korrespondenz der damaligen Zeit eindeutige Hinweise darauf, dass der zentrale Punkt in Einsteins Kritik an

---

[4] In [86] gibt Jammer eine interessante Darstellung der historischen Entwicklung der EPR-Arbeit. Offensichtlich stammt die Grundidee von Einstein, während der EPR-Zustand (Gleichung 6.3) von Rosen gefunden wurde. Die eigentliche Formulierung der Arbeit leistete Podolsky, dessen besonderes Interesse an Fragen der mathematischen Logik ihn in den Augen der beiden anderen Autoren dafür qualifizierte. Jammer vermutet, dass Podolsky damals unter dem starken Eindruck von Kurt Gödel stand, der Princeton kurze Zeit zuvor besucht hatte, um über seinen »Unvollständigkeitssatz« vorzutragen.

[5] Wir werden im nächsten Abschnitt Bohrs Erwiderung behandeln, die für ihre mangelnde Klarheit oft gescholten wurde. Ehrlicherweise muss man zugeben, dass eine ähnliche Kritik auch gegen die EPR-Arbeit selber gewendet werden kann.

der Quantenmechanik ihre Verletzung der »Separabilität« ist. Dieser Einwand war aber bereits Gegenstand der frühen Diskussionen mit Bohr, etwa auf der Solvay-Konferenz 1927 (siehe dazu auch [87]). Nach dieser Lesart war Einsteins Kritik also in großer Nähe zu der immer noch aktuellen Diskussion.

6.1.1 Bohrs Erwiderung

Niels Bohr veröffentlichte wenige Monate später eine Erwiderung auf die EPR-Arbeit [88]. Er folgte dabei der Annahme von EPR, dass in der betrachteten Situation keine »mechanische« Beeinflussung zwischen den räumlich getrennten Systembestandteilen möglich ist.

> Of course there is in a case like that just considered no question of a mechanical disturbance of the system under investigation during the last critical stage of the measurement procedure.

Seine Kritik an EPR setzt vielmehr an ihrem Realitätskriterium an.

> But even at this stage there is essentially the question of an influence on the very conditions which define the possible types of predictions regarding the future behaviour of the system. Since these conditions constitute an inherent element of the description of any phenomenon to which the term »physical reality« can be properly attached, we see that the argumentation of the mentioned authors does not justify their conclusion that quantum-mechanical description is essentially incomplete. [...]
> This description may be characterized as a rational utilization of all possibilities of unambigiuous interpretation of measurements, compatible with the finite and uncontrollable interaction between the object and the measuring instrument in the field of quantum theory.

An der Klarheit und Schärfe dieses Argumentes sind vielfach Zweifel angemeldet worden. Bell [12, S. 155f] kommentiert die Bohrsche Erwiderung auf EPR mit den Worten:

> Indeed I have very little idea what this means. I do not understand in what sense the word »mechanical« is used, in characterizing the disturbances which Bohr does not contemplate, as distinct from those which he does. [...] And then I do not understand the final reference to »uncontrollable interactions between measuring instruments and objects«, it seems just to ignore the essential point of EPR that in the absence of action at a distance, only the first system could be supposed disturbed by the first measurement and yet definite predictions become possible for the second system.

Henning Genz kommt in seiner Darstellung [89] zu einem ähnlichen Fazit:

> Seine »Komplementarität« rettet Bohr nach meinem Verständnis gegenüber EPR dadurch, dass er auf ihre Argumente *nicht* eingeht. Vom Quantenprozess dürfen wir uns laut Bohr unter keinen Umständen ein wie auch immer geartetes Bild machen.

Nach Jammer [84, S. 197] bezeichnet Bohrs Antwort den Übergang von einem
»interaktionalen« Verständnis des Zustandes (d. h. erst die Interaktion zwischen
Objekt und Messgerät erlaubt die *Definition* der Größe, die gemessen wird)
zu einer »relationalen« Zustandsbeschreibung (d. h. nun bestimmt, neben der
Wechselwirkung mit dem eigentlichen Messgerät, auch das Verhältnis (also die
Relation) zur experimentellen Anordnung am jeweils anderen Teilchen die *Definition* der Größe, die gemessen wird). Nach dieser Lesart hat die EPR-Arbeit also
zu einer bedeutenden Modifikation in der Interpretation der Quantenmechanik
beigetragen.

Neben der in der Zwischenzeit schon fast stereotyp vorgetragenen Kritik an
Bohr und seinen undurchsichtigen Einlassungen zur Interpretation der Quantenmechanik gibt es eine wachsende Zahl von Physikern und Philosophen, die
versuchen, eine kohärente Lesart von Bohr zu entwickeln. Zu ihren profiliertesten
Vertretern gehört Don Howard, der in seinen Arbeiten versucht, den Nachweis zu
führen, dass das entscheidende Konzept in Bohrs Erwiderung sowohl auf EPR als
auch auf frühere Kritik die »Kontextualität« der Quantenmechanik ist [90, 91].
Demnach akzeptiert Bohr das EPR-Realitätskriterium nur, wenn es auf den
Ausgang einzelner Messungen (in ihrem jeweiligen Kontext) angewendet wird.
Bohr vertritt im Gegensatz zu EPR also die Auffassung, dass »Elemente der
Realität« am 2. Teilchen sehr wohl durch Messungen am 1. Teil konstituiert
werden können. Die Frage, wie diese Art der Beeinflussung konkret verstanden
werden kann, ist allerdings subtil. Bohr selber betonte häufig die analoge Rolle
von Bezugssystemen in der speziellen Relativitätstheorie. Durch ihre Auswahl beeinflusst man ebenfalls keine physikalischen Abläufe, gibt aber Aussagen wie z. B.
»zwei Ereignisse ereignen sich gleichzeitig« erst dadurch einen Sinn. Es erscheint
also ebenfalls die »Realität« der Eigenschaft »Gleichzeitigkeit« eingeschränkt.

Nach Halvorson und Clifton [93] gibt es in Bohrs Arbeiten keine Hinweise auf
die (ihm von Anhängern und Gegnern häufig unterstellte) positivistische Position,
nach der erst durch den Akt der Messung eine Eigenschaft konstituiert wird.
Diese Autoren versuchen in [93], Bohrs Auffassung von Kontextualität mit dem
Formalismus von sog. *appropriate mixtures* zu rekonstruieren.

Ein wichtiger Schritt in der EPR-Analyse wurde jedoch erst Anfang der 60er
Jahre von John Stewart Bell getan. Diesem Ergebnis wenden wir uns nun zu.
Zuvor diskutieren wir jedoch eine Umformulierung des EPR-Argumentes, auf
dem diese Arbeit beruht.

6.1.2 Umformulierung des EPR-Experimentes nach Bohm

Wir betrachten im Folgenden die Umformulierung des EPR-Experimentes nach
Bohm [22]. Auf diese alternative Formulierung des EPR-Argumentes (gelegentlich als EPRB-Experiment bezeichnet) beziehen sich praktisch alle Diskussionen
sowie die tatsächlich durchgeführten Experimente. Sie wurde von Bohm *vor*
der Entwicklung seiner »Mechanik« vorgeschlagen und ist von dieser Theorie
vollkommen unabhängig. Dabei werden statt Ort und Impuls eines Teilchens

Spinkomponenten verschiedener Richtungen betrachtet. Man betrachtet dazu ein System aus zwei Atomen mit Spin $1/2$, die sich in einem Zustand mit Gesamtspin 0 befinden. Die beiden Atome, die dieses Spin-Singulett-System bilden, entfernen sich anschließend. Falls die Messung der z-Komponente an einem Atom auf den Wert »+« führt, können wir auf Grundlage der Drehimpulserhaltung sofort auf die z-Komponente des Spins am räumlich entfernten Teilchen schließen. Im EPR-Sinne handelt es sich bei dieser Eigenschaft also um ein Element der physikalischen Realität. Allerdings hätten wir ebenso gut eine Spin-Messung entlang einer anderen Raumrichtung durchführen können und auf diese Weise den Spin des entfernten Atoms hinsichtlich dieser Richtung als Element der physikalischen Realität konstituiert. Innerhalb der Quantenmechanik gibt es jedoch keinen Zustand mit definiertem Wert für die Spinprojektion entlang verschiedener Richtungen, da diesen nichtkommutierende Operatoren (die σ-Matrizen) zugeordnet sind. Man kommt also ebenfalls zu dem Schluss, dass die quantenmechanische Beschreibung unter den gemachten Voraussetzungen unvollständig ist.

6.2 Die Bellsche Ungleichung

Das EPR-Kriterium behauptet die Realität einer Eigenschaft der physikalischen Welt, wenn deren Wert ohne Störung des Systems mit Sicherheit vorausgesagt werden kann. Die Bedingung »without in any way disturbing« kann nach EPR durch die *räumliche Trennung* der beiden Sytembestandteile realisiert werden. Auf diese Weise ist das EPR-Argument mit einer »Lokalitätsforderung« verknüpft, also der Annahme, dass es keine Fernwirkung gibt. Wenn man daran festhalten möchte, dass die Messung an Teil I den möglichen Ausgang der Messung an II nicht beeinträchtigen kann, liegt es jedoch nahe anzunehmen, dass deren Ausgang bereits vorher festlag. Man muss also die Existenz »verborgener Variablen« behaupten, die die quantenmechanische Beschreibung vervollständigen.

Vor 1964 war es unklar, ob solche Theorien verborgener Variablen nicht grundsätzlich so konstruiert werden können, dass alle experimentellen Befunde in Übereinstimmung mit der Quantenmechanik erklärt werden können. Es ist das bemerkenswerte Resultat von Bell, dass »lokale« Theorien verborgener Variablen zu Vorhersagen führen, die von der Quantenmechanik in experimentell überprüfbaren Situationen abweichen[6]. Inspiriert wurde Bell dabei von der Bohmschen Mechanik und speziell ihrer Nichtlokalität. Ausgangspunkt seiner Überlegungen war die Frage, ob die Nichtlokalität eine notwendige Eigenschaft von Theorien verborgener Variablen ist, um Übereinstimmung mit der üblichen Quantenmechanik zu erreichen. Die Konsequenzen der Bellschen Analyse reichen jedoch weit über den Bereich von Theorien verborgener Variablen hinaus. Dieses Jahrhunder-

---

[6] Es ist übrigens durchaus unklar, ob EPR die Existenz solcher verborgener Variablen mit ihrem Argument behauptet haben. Bell hat diese Auffassung vertreten [12], Jammer ihr hingegen widersprochen [84]. In jedem Fall stellt ein solcher Ansatz *eine* Möglichkeit dar, die Quantenmechanik zu vervollständigen, und folgt damit der Aufforderung der EPR-Arbeit.

tresultat der theoretischen Physik erlaubt es, über die fundamentalen Konzepte »Realität«, »Lokalität«, »Kausalität« und »Determinismus« experimentell überprüfbare Aussagen zu treffen. Unsere erste Herleitung der Bellschen Ungleichung ist dabei von Bells Originalbeweis verschieden und folgt der Darstellung [136]. Im übernächsten Abschnitt stellen wir den Originalbeweis von Bell dar.

6.2.1 Spinkorrelationen in einer lokalen Theorie verborgener Variablen

Wir betrachten im Folgenden eine EPR-Anordnung nach Bohm mit Spinmessungen entlang drei verschiedener Richtungen **a**, **b** und **c** in einem solchen Modell mit verborgenen Variablen. Ein Teilchen gehört also z. B. zur Klasse (**a**+, **b**−, **c**+), wenn durch die verborgenen Variablen festgelegt wird, dass die Spinmessung entlang der Richtungen die jeweiligen Werte liefert. Dabei wird allerdings genauso wie in der Quantenmechanik *nicht* angenommen, dass deren Bestimmung *gleichzeitig* möglich ist (es handelt sich schließlich um verschiedene Experimente, und man kann sich etwa den Zustand als durch die Messung zerstört denken). Aus der Drehimpulserhaltung folgt immer noch, dass die Messung »+« bei Teilchen 1 entlang der **a**-Richtung den Wert »−« für Teilchen 2 entlang derselben Richtung erzwingt.

Bei drei möglichen Richtungen für die Spinmessung fallen die möglichen Konfigurationen in $2^3 = 8$ verschiedene Klassen. Diese sind in folgender Tabelle angegeben. Zusätzlich enthält die Tabelle eine Spalte für die mit N_i bezeichnete Häufigkeit dieser Konfigurationen. Wir brauchen diese im Folgenden, um Kontakt mit den (Wahrscheinlichkeits-)Vorhersagen der Quantenmechanik herzustellen.

Anzahl	Teilchen 1 (**a**, **b**, **c**)	Teilchen 2 (**a**, **b**, **c**)
N_1	(+, +, +)	(−, −, −)
N_2	(+, +, −)	(−, −, +)
N_3	(+, −, +)	(−, +, −)
N_4	(+, −, −)	(−, +, +)
N_5	(−, +, +)	(+, −, −)
N_6	(−, +, −)	(+, −, +)
N_7	(−, −, +)	(+, +, −)
N_8	(−, −, −)	(+, +, +)

Als ein Experiment soll nun immer eine Spinmessung an beiden Teilchen entlang jeweils einer der drei Richtungen bezeichnet werden. Führt z. B. eine Messung bei Teilchen 1 entlang der **a**-Richtung auf den Wert »+« und bei Teilchen 2 entlang der **b**-Richtung ebenfalls auf den Wert »+«, gehören die Teilchen also zu den Klassen 3 oder 4 der obigen Tabelle. Der Ausgang dieser Messung ist also für $N_3 + N_4$ Konfigurationen möglich. Dieses Messergebnis bezeichnen wir im Folgenden als Ereignis $(+ + |ab)$. Offensichtlich lassen sich für die (positiven)

6.2 Die Bellsche Ungleichung

Häufigkeiten N_i Relationen vom folgenden Typ angeben:

$$N_3 + N_4 \leq (N_2 + N_4) + (N_3 + N_7) \tag{6.6}$$

Die Häufigkeiten N_i erlauben uns nun, die Wahrscheinlichkeit für ein bestimmtes Ereignis auszudrücken. Unsere $(++|ab)$ Messung an den Teilchen 1 und 2 hat demzufolge die Wahrscheinlichkeit ($\approx$ relative Häufigkeit):

$$P(++|ab) = \frac{N_3 + N_4}{\sum N_i}$$

Man überzeugt sich, dass ebenso gilt:

$$P(++|ac) = \frac{N_2 + N_4}{\sum N_i}, \qquad P(++|cb) = \frac{N_3 + N_7}{\sum N_i}$$

Damit können wir Beziehung 6.6 aber in eine Aussage über Wahrscheinlichkeiten umwandeln:

Bellsche Ungleichung $\qquad P(++|ab) \leq P(++|ac) + P(++|cb) \qquad (6.7)$

Dies ist gerade eine Form der berühmten Bellschen Ungleichung. Auf einen wichtigen Unterschied zwischen dem ursprünglichen EPR- bzw. EPRB-Argument und der Version, auf die sich die Bellsche Ungleichung bezieht, sollte jedoch hingewiesen werden: Im EPR-Argument wird aus der Messung an einem Teil des Paares auf eine Eigenschaft des anderen Teils geschlossen – und zwar *ohne*, dass eine Messung an diesem durchgeführt wird. Die Korrelationen, die das Bell-Theorem betrachtet, beziehen sich dagegen auf Messergebnisse an *beiden* Systembestandteilen.

Bells Originalbeweis

Der Originalbeweis von Bell [12, S. 14ff] ist etwas aufwendiger als unsere kombinatorische Herleitung. Er betrachtet zuerst das Ergebnis zweier Spinmessungen an einem EPR-Paar entlang derselben Richtung. Falls das Ergebnis der Messung in A den Wert $+1$ liefert, muss die B-Messung auf den Wert -1 führen. Dann trifft Bell die Annahme (»and it seems one at least worth considering«), dass bei den Messungen an diesen im Prinzip beliebig weit voneinander entfernten Teilen die Orientierung des Stern-Gerlach-Magneten in A keinen Einfluss auf den Ausgang der B-Messung hat. Da der Ausgang der B-Messung aber tatsächlich nach einer A-Messung vorausgesagt werden kann, müssen die Messergebnisse unter dieser Voraussetzung schon *vorher* festgelegt sein. Die Wellenfunktion der Quantenmechanik legt den Ausgang individueller Messungen nicht fest. Daraus folgt die Annahme zusätzlicher Parameter, die den Zustand erst vollständig spezifizieren. Diese bezeichnet Bell im Folgenden mit λ. Das Ergebnis einer Spinmessung $\sigma_1 \cdot \mathbf{a}$ an Teil A ist dann durch $\mathbf{a}$ und λ festgelegt. Das gleiche gilt für eine Spinmessung $\sigma_2 \cdot \mathbf{b}$ an Teil B:

$$A(\mathbf{a}, \lambda) = \pm 1, \qquad B(\mathbf{b}, \lambda) = \pm 1$$

Quantenmechanische Vorhersagen beziehen sich auf Mittel- bzw. Erwartungswerte von Observablen. Bell betrachtet als Observable das Produkt der Ergebnisse von Spinmessungen an den beiden Systemen A und B, die sog. Korrelationsfunktion $\langle AB \rangle$. Die verborgenen Variablen sind uns unbekannt, sodass sich die experimentell zugängliche Größe $\langle AB \rangle$ aus den Einzelresultaten ergibt, wenn diese Funktionen mit der Verteilung der verborgenen Parameter $\rho(\lambda)$ gewichtet werden:

$$\langle AB(\mathbf{a},\mathbf{b})\rangle = \int d\lambda \rho(\lambda) A(\mathbf{a},\lambda) B(\mathbf{b},\lambda) \tag{6.8}$$

Auf der Ebene der verborgenen Parameter (d. h. vor der Integration über $\rho(\lambda)$) faktorisiert der Erwartungswert also in die beiden Anteile von Messapparat A und B.

Die Frage lautet nun, ob unter diesen Annahmen ein Widerspruch mit der Quantenmechanik hergeleitet werden kann. Wie in unserem kombinatorischen Beweis besteht der entscheidende Schritt in der Betrachtung einer dritten Richtung $\mathbf{c}$. Bei Betrachtung derselben Richtung liegt hingegen eine perfekte Antikorrelation vor: $A(\mathbf{a},\lambda) = -B(\mathbf{a},\lambda)$. Ebenfalls gilt $[A(\mathbf{a},\lambda)]^2 = 1$. Daraus folgt:

$$\langle AB(\mathbf{a},\mathbf{b})\rangle - \langle AB(\mathbf{a},\mathbf{c})\rangle = -\int d\lambda \rho(\lambda)[A(\mathbf{a},\lambda)A(\mathbf{b},\lambda) - A(\mathbf{a},\lambda)A(\mathbf{c},\lambda)]$$

$$= -\int d\lambda \rho(\lambda) A(\mathbf{a},\lambda)A(\mathbf{b},\lambda)[1 - A(\mathbf{b},\lambda)A(\mathbf{c},\lambda)]$$

Unter Verwendung der Eigenschaft $|A|, |B| \leq 1$ sowie der Normiertheit der Dichtefunktion $\int d\lambda \rho(\lambda) = 1$ folgt:

$$|\langle AB(\mathbf{a},\mathbf{b})\rangle - \langle AB(\mathbf{a},\mathbf{c})\rangle| \leq \int d\lambda \rho(\lambda)[1 - A(\mathbf{b},\lambda)A(\mathbf{c},\lambda)]$$
$$|\langle AB(\mathbf{a},\mathbf{b})\rangle - \langle AB(\mathbf{a},\mathbf{c})\rangle| \leq 1 + \langle AB(\mathbf{b},\mathbf{c})\rangle \tag{6.9}$$

Dies ist die ursprüngliche Formulierung der Bellschen Ungleichung.

Im nächsten Abschnitt zeigen wir, dass diese Ausdrücke (Gleichung 6.7 bzw. 6.9) von den Vorhersagen der Quantenmechanik verletzt werden.

6.2.2 Spinkorrelationen in der Quantenmechanik

In der Quantenmechanik macht es nun gar keinen Sinn davon zu sprechen, dass ein Zustand in Klasse 3 oder 4 sei, d. h. durch die Werte verborgener Variablen die Messung auf ein bestimmtes Resultat führt. Vielmehr beschreibt sie das System durch einen Singulettzustand:

$$\psi = \frac{1}{\sqrt{2}}(|+,-\rangle + |-,+\rangle) \tag{6.10}$$

An dieser Stelle bezieht sich »+« und »−« auf beliebige Richtungen[7]. Jede der drei Wahrscheinlichkeiten in Ausdruck 6.7 kann damit durch Erwartungswertbildung

---

[7] Beziehungsweise der Singulettzustand zeichnet keine Raumrichtung aus und hat deshalb bezüglich jeder Richtung diese Gestalt.

6.2 Die Bellsche Ungleichung

mit Hilfe der Paulimatrizen berechnet werden, und zwar als Funktion der Winkel θ_{ij} zwischen den Richtungen der Spinmessung ($i, j \in \{\mathbf{a}, \mathbf{b}, \mathbf{c}\}$). Man findet für diese Wahrscheinlichkeiten [136]:

$$P(++|ij) = \frac{1}{2}\sin^2\left(\frac{\theta_{ij}}{2}\right) \qquad (6.11)$$

Setzt man dieses Ergebnis in Beziehung 6.7 ein, so gewinnt man folgende Ungleichung:

$$\sin^2\left(\frac{\theta_{ab}}{2}\right) \leq \sin^2\left(\frac{\theta_{ac}}{2}\right) + \sin^2\left(\frac{\theta_{cb}}{2}\right) \qquad (6.12)$$

Betrachten wir als konkretes Beispiel drei Richtungen, die in der selben Ebene liegen, mit $\mathbf{a} \perp \mathbf{b}$ und $\mathbf{c}$ auf der Winkelhalbierenden ($\theta_{ab} = 90°$, $\theta_{ac} = \theta_{cb} = 45°$). Einsetzen in 6.12 führt auf:

$$0.5 \leq 0.29289$$

Die Vorhersage 6.11 der Quantenmechanik *verletzt* also die Bellsche Ungleichung 6.7. Im Übrigen gilt dasselbe für die Bohmsche Mechanik: Da ihre Vorhersagen mit denen der Quantenmechanik übereinstimmen, verletzt auch sie die Bellsche Ungleichung.

6.2.3 Experimentelle Bestätigung der Quantenmechanik

Eine Messung der Korrelationen aus Gleichung 6.11 konnte tatsächlich durchgeführt werden [95, 96], und man findet eine *Verletzung* der Bellschen Ungleichung in Übereinstimmung mit den Vorhersagen der Quantenmechanik[8].

Interessanterweise ist die experimentelle Bestätigung der Quantenmechanik in diesen Experimenten nicht wirklich verwunderlich. Verschränkte Zustände, wie sie im EPR-Experiment eine Rolle spielen, sind eine typische Eigenschaft von Mehrteilchensystemen. Es wäre deshalb angesichts der unzähligen experimentellen Bestätigungen der Quantenmechanik vollkommen unplausibel, wenn ausgerechnet dieser Teil des quantenmechanischen Formalismus inkorrekt wäre. Der eigentliche Verdienst Bells besteht darin, gezeigt zu haben, dass lokale Theorien verborgener Variablen und die Quantenmechanik unter sehr allgemeinen Voraussetzungen zu anderen Vorhersagen führen *müssen*, bzw. anders formuliert: Lokale Theorien mit verborgenen Variablen sind experimentell widerlegt. Die Konsequenzen aus der Verletzung der Bellschen Ungleichung sind jedoch noch weitreichender, wie wir in Abschnitt 6.3 sehen werden.

---

[8] Zahlreiche Experimente beziehen sich jedoch nicht auf Spinmessungen, sondern untersuchen die mathematisch äquivalente Polarisation von Photonen.

6.2.4 Exkurs: Problembewusstsein

Wir ergänzen an dieser Stelle unsere Darstellung mit einer kurzen Behandlung verbreiteter Missverständnisse, die die Diskussion um das »EPR-Paradoxon« umranken. Dabei geht es um die Frage, inwiefern die Korrelation von Eigenschaften entfernter Objekte überhaupt merkwürdig, d. h. nicht-klassisch ist. Denken wir uns z. B. folgendes Experiment: Eine Person hat zwei verschiedenfarbige Bälle. Diese werden für den Beobachter unerkannt vertauscht und voneinander getrennt. Wird ein Ball nun gezeigt, weiß der Beobachter instantan, welche Farbe der andere (noch verborgene) Ball hat.

Dieser Fall von »klassischer« Korrelation unterscheidet sich von der »quantenmechanischen« dadurch, dass das Merkmal, das an dem Objekt festgestellt werden kann (in unserem Beispiel die »Farbe«), vor der Messung schon festliegt. Im quantenmechanischen Fall darf man hingegen über z. B. die Richtung der Spinmessung erst im Augenblick der Messung entscheiden.

Von klassischen Korrelationen kann man also sinnvoll annehmen, dass sie ihren Ausgang immer in einer gemeinsamen lokalen Ursache haben. Für quantenmechanische Korrelationen folgt aus dem Bell-Theorem, wie wir im nächsten Kapitel zeigen werden, dass diese Annahme inkorrekt ist.

Gelegentlich findet man auch einen Einwand vom Typ: Wenn eine Frau in großer Entfernung ein Kind entbindet, wird der Mann trotzdem sofort »Vater«. Auch hier liegt jedoch – in der Sprechweise des vorangegangenen Abschnittes – eine gemeinsame lokale Ursache vor.

6.3 Folgerungen aus der Verletzung von Bells Ungleichung

Zahlreiche oberflächliche Darstellungen des Gegenstandes sehen im experimentellen Nachweis der Verletzung der Bellschen Ungleichung einen schlagenden Beweis für die Unmöglichkeit einer Theorie verborgener Variablen – sowie eine erneute glanzvolle Bestätigung der Quantenmechanik. Es könne also wieder zur quantenmechanischen Tagesordnung übergegangen werden.

Dabei wird jedoch übersehen, dass erstens die Bohmsche Mechanik die Verletzung der Bellschen Ungleichung ebenfalls voraussagt und zweitens aus der experimentellen Verletzung der Bellschen Ungleichung wichtige Einschränkungen an die Form und Eigenschaften *aller* Theorien folgen, die nicht im Widerspruch zu den Aussagen des Experimentes stehen wollen.

Eine solche Einschränkung wird sowohl für Theorien verborgener Variablen als auch für die Quantenmechanik selbst formuliert. Es darf nämlich nicht übersehen werden, dass die Existenz »verborgener Variablen« im Beweis der Bellschen Ungleichung nicht eigentlich vorausgesetzt wird. Vielmehr wird diese aus physikalisch höchst plausiblen Annahmen *abgeleitet*. Es muss also (mindestens) eine dieser Voraussetzungen auch für die Quantenmechanik nicht erfüllt sein. Die

Untersuchung der Frage, durch welche Eigenschaft der Quantenmechanik diese die Bellsche Ungleichung verletzt, trägt also zu einer genaueren Klärung des durch die Quantenmechanik erreichten Wirklichkeitsverständnisses bei.

In Anlehnung an [97] verständigen wir uns zunächst vorläufig über die zentralen Begriffe:

Determinismus
Die Vorstellung, dass alle Ereignisse nach festgelegten Gesetzen ablaufen und dass bei bekannten Naturgesetzen und bekanntem Anfangszustand der weitere Ablauf aller Ereignisse prinzipiell vorausberechenbar ist.

Kausalität
Jedes Ereignis besitzt ein vorangegangenes Ereignis als Ursache.

Realismus
In seiner stärksten Form behauptet der Realismus die Existenz einer von der Beobachtung unabhängigen Welt sowie die Möglichkeit, diese eindeutig zu beschreiben. Es handelt sich um ein kompliziertes philosophisches Konzept, das verschiedene Ausdifferenzierungen erlaubt (ontischer Realismus, semantischer Realismus, epistemischer Realismus etc., siehe etwa [99]). Für unsere Diskussion spielt vor allem die *Unabhängigkeit* von einer möglichen Beobachtung eine Rolle, eine Eigenschaft, die man »Objektivität« der Realität nennen könnte.

Lokalität
Das Konzept der Lokalität behauptet in seiner allgemeinsten Form die »Unabhängigkeit« physikalischer Systeme, die räumlich voneinander getrennt sind. Hinsichtlich der genauen Bedeutung von »Unabhängigkeit« kann dieser Begriff präzisiert werden. Verbreitet ist folgende Unterscheidung:

Signal-Lokalität
Zwei raumartig getrennte Ereignisse[9] können sich nicht beeinflussen. Mit anderen Worten: Kein Signal kann mit Überlichtgeschwindigkeit übermittelt werden.

Separabilität
Der Zustand von räumlich getrennten Objekten kann unabhängig voneinander definiert werden. Im Gegensatz zum Begriff der Signal-Lokalität wird nicht notwendig auf eine mögliche *Wechselwirkung* bzw. Geschwindigkeit der Wechselwirkung zwischen den Objekten bzw. Ereignissen abgehoben. Die Forderung der Separabilität behauptet vereinfachend ausgedrückt, dass das Ganze nicht mehr als die Summe seiner Teile ist.

Es existieren zahllose Herleitungen von Bells Ungleichung bzw. ähnlichen Resultaten. Das Interesse an anderen Beweisen wird durch die Frage ausgelöst, *welche* Voraussetzungen für den Widerspruch zur Quantenmechanik zentral sind.

---

[9] Zwei Ereignisse mit Koordinaten $(x_0, \vec{x})$ und $(y_0, \vec{y})$ heißen »raumartig«, wenn ihr Abstandsquadrat $(x_0 - y_0)^2 - (\vec{x} - \vec{y})^2 < 0$ ist.

In unserem kombinatorischen Beweis werden drei Annahmen gemacht: Erstens besitzen die Teilchen bezüglich jeder der drei Richtungen festgelegte Messwerte, die von der tatsächlichen Durchführung der Messung unabhängig sind ($\approx$ sie befinden sich in einer der 8 disjunkten Klassen). Diese Eigenschaften sind also **real** im Sinne der obigen Definition. Darüber hinaus legt die Zugehörigkeit zu einer der Klassen den Ausgang vollkommen fest, wodurch unser Modell auch **deterministisch** ist. Schließlich sind Messungen bezüglich verschiedener Richtungen an beiden Teilchen vollkommen unabhängig voneinander. Dies bedeutet, dass unser Modell auch **lokal** ist (und zwar im Sinne von Signal-Lokalität *und* Separabilität).

Wir diskutieren nun die Frage, welche dieser Voraussetzungen bei der Herleitung der Ungleichung unerlässlich sind, oder anders formuliert: Welche dieser drei einleuchtenden Voraussetzungen kann in unserem Verständnis der physikalischen Realität nicht aufrecht erhalten werden?

6.3.1 Determinismus

Der Indeterminismus der Quantenmechanik auf dem Niveau einzelner Ereignisse ist ihre hervorstechende nicht-klassische Eigenschaft. Es liegt also die Vermutung nahe, dass die Verletzung der Bellschen Ungleichung dadurch begründet ist. Diese Annahme ist falsch. Clauser und Horne [100] konnten Bells Resultat herleiten, indem sie sich lediglich auf festgestellte Korrelationen beziehen. Die Annahme von im Prinzip festgelegten Messergebnissen *unabhängig* von der tatsächlichen Durchführung der Messung ist also unnötig. Außerdem verletzt die (deterministische) Bohmsche Mechanik die Bellsche Ungleichung ebenfalls.

6.3.2 Lokalität und Separabilität

Die Unabhängigkeit der Messapparate A und B in Folge ihrer räumlichen Trennung gehört zu den vitalen Annahmen der Bellschen Ungleichung. Es existiert kein Beweis, der ohne diese Voraussetzung auskommt. Zum Zwecke einer mathematischen Analyse muss diesem Konzept jedoch eine präzise Bedeutung gegeben werden, und der Leser sei gewarnt, dass in der Literatur zahllose unterschiedliche Definitionen von Lokalität bzw. Separabilität existieren.

In Bells ursprünglichem Beweis seiner Ungleichung ist die Lokalität seines Modells mit folgender Beziehung verknüpft, die wir als »Bell-Lokalität« bezeichnen wollen:

$$\textbf{Bell-Lokalität} \quad p_\lambda(xy|ij) = p_\lambda(x|i) \cdot p_\lambda(y|j) \qquad (6.13)$$

Die Wahrscheinlichkeit für die Ausgänge x und y unter Winkeln i und j faktorisiert also in die Anteile des jeweiligen Systems. In Abschnitt 6.2.1 waren wir der entsprechenden Beziehung in Bells Originalbeweis seiner Ungleichung begegnet (Gleichung 6.8). Dort war diese Faktorisierungsbedingung jedoch über die Dichte

$\rho(\lambda)$ integriert worden, um das Resultat für den experimentell zugänglichen Erwartungswert zu gewinnen.

Jon Jarrett führt nun die Begriffe »Lokalität« und »Vollständigkeit« ein, aus denen die »Bell-Lokalität« abgeleitet werden kann.

Jarrett definiert »Lokalität« als die Unabhängigkeit der A-Messung mit Ausgang x von der Richtung j, die am System B vorliegt [7, 101]:

Jarrett-Lokalität $\quad p^A_\lambda(x|ij) = p^A_\lambda(x|i)$ \hfill (6.14)

Der Index λ bezeichnet hier *nicht* notwendig verborgene Parameter, sondern stellt eine allgemeine Spezifikation des Zustandes dar[10], für den diese Wahrscheinlichkeitsaussage getroffen wird. Die entsprechende Beziehung gilt natürlich auch für $p^B_\lambda(y|ij)$. Diese Lokalität wird von der Quantenmechanik respektiert [101]. Im Falle einer Verletzung dieser Bedingung *und* der Kontrolle über die Parameter λ, die den Zustand charakterisieren, ergibt sich die Möglichkeit, ein Signal zwischen A und B mit Überlichtgeschwindigkeit zu senden. Innerhalb der Bohmschen Mechanik gilt die Jarrett-Lokalität auf dem Niveau einzelner Ereignisse nicht – allerdings entziehen sich die verborgenen Variablen (d. h. die Teilchenorte) der vollständigen Kontrolle. Dadurch ist die Übermittlung von Signalen mit Überlichtgeschwindigkeit ebenfalls ausgeschlossen.

Darüber hinaus führt Jarrett den Begriff der »Vollständigkeit« ein, den wir, Don Howard folgend, jedoch »Separabilität« nennen werden [7, 101]. Er ist als die Bedingung definiert, dass der Ausgang der Messung in A auch von dem Messresultat in B unabhängig ist:

Separabilität $\quad p^A_\lambda(x|ijy) = p^A_\lambda(x|ij)$ \hfill (6.15)

Diese Bedingung wird von der Quantenmechanik verletzt, denn dort gilt:

$$p(+|ij+) = \sin^2\left(\frac{\theta_{ij}}{2}\right), \qquad p(+|ij-) = \cos^2\left(\frac{\theta_{ij}}{2}\right)$$

Daraus folgt jedoch keine Möglichkeit einer Signalübermittlung mit Überlichtgeschwindigkeit, denn schließlich ist der Ausgang der y-Messung selber ein zufälliger Prozess. Abner Shimony hat für diese Eigenschaft der Quantenmechanik den Ausdruck *uncontrollable non-locality* geprägt [108].

Innerhalb der Bohmschen Mechanik ist Bedingung 6.15 auf dem Niveau einzelner Ereignisse jedoch trivialerweise erfüllt, denn als deterministische Theorie ist der Ausgang y durch die Anfangsbedingungen festgelegt und stellt somit keine einschränkende Bedingung dar.

Der wichtige Zusammenhang zwischen diesen beiden Bedingungen ist nun der Folgende: Die *Faktorisierungsbedingung* 6.13 (»Bell-Lokalität«) folgt aus der gemeinsamen Gültigkeit von *Jarrett-Lokalität* (Gleichung 6.14) und *Separabilität* (Gleichung 6.15).

---

[10] Im Falle der Quantenmechanik ist dieser also durch die Wellenfunktion alleine charakterisiert. In der Bohmschen Mechanik entspricht λ dagegen der Wellenfunktion *und* der Konfiguration.

$$\left.\begin{array}{r}\text{Jarrett-Lokalität}\\\text{Separabilität}\end{array}\right\} \Rightarrow \text{Bell-Lokalität}$$

Diesen Zusammenhang erkennt man unmittelbar aus der Definition der bedingten Wahrscheinlichkeit $p_\lambda(x|ijy)$ als:

$$p_\lambda^A(x|ijy) = \frac{p_\lambda^{AB}(xy|ij)}{p_\lambda^B(y|ij)}$$

$$\begin{aligned}p_\lambda^{AB}(xy|ij) &= \underbrace{p_\lambda^A(x|ijy)}_{=p_\lambda^A(x|ij)} \cdot p_\lambda^B(y|ij) && \text{Separabilität}\\ &= \underbrace{p_\lambda^A(x|ij)}_{p_\lambda^A(x|i)} \cdot \underbrace{p_\lambda^B(y|ij)}_{p_\lambda^B(y|j)} && \text{Jarrett-Lokalität}\\ &= p_\lambda^A(x|i) \cdot p_\lambda^B(y|j) && \text{Bell-Lokalität}\end{aligned}$$

Die erste Umformung verwendet die Separabilität und die zweite die Jarrett-Lokalitätsbedingung.

Das Ergebnis dieser Analyse lautet somit, dass die Verletzung der Bellschen Ungleichung sowohl in der Quantenmechanik als auch in der Bohmschen Mechanik verschiedenen Varianten der Nichtlokalität geschuldet ist. In der Quantenmechanik wird die Bedingung 6.15 verletzt, die wir als »Separabilität« bezeichnet haben. In der Bohmschen Mechanik gilt auf dem Niveau einzelner Ereignisse hingegen diese »Separabilität«, aber die »Jarrett-Lokalität« wird verletzt.

Man sollte jedoch beachten, dass diese Unterschiede zwischen Quanten- und Bohmscher Mechanik nur auf dem Niveau einzelner Ereignisse gelten. Die experimentell zugänglichen Größen, d. h. die über die Quantengleichgewichtsverteilung gemittelten Wahrscheinlichkeiten, sind für Quanten- und Bohmsche Mechanik identisch. Die *Vorhersagen* der Bohmschen Mechanik sind also ebenfalls »lokal« und nicht »separabel«. Cushing bezweifelt deshalb, dass diese Begriffsunterscheidung für eine Diskussion der Lokalitätsproblematik im Rahmen der Bohmschen Mechanik besonders sinnvoll ist [7, S. 56ff].

Auch unabhängig von diesem Einwand sind die Begriffsbildungen, die wir bisher diskutiert haben, nicht die einzig möglichen, auf die die »Bell-Lokalität« zurückgeführt werden kann (siehe [98] und die Referenzen darin für eine genauere Diskussion).

6.3.3 Realität

Die vorangegangene Diskussion hat gezeigt, dass sowohl innerhalb der Quantenmechanikals auch in der Bohmschen Mechanik, eine Form der Nichtlokalität

6.3 Folgerungen aus der Verletzung von Bells Ungleichung

für die Verletzung der Bellschen Ungleichung verantwortlich gemacht werden kann[11]. Die Diskussion über die Konsequenzen aus der Verletzung der Bellschen Ungleichung findet sich jedoch häufig die Behauptung, dass entweder »Lokalität« oder »Realität« geopfert werden müsse (siehe etwa [106]). Leider unterziehen viele Autoren ihre Begriffe keiner genaueren Bestimmung. Vermutlich handelt es sich in den meisten Fällen um den Versuch, die Bohrsche Erwiderung auf die EPR-Arbeit in den Zusammenhang der Bellschen Analyse zu übersetzen.

Tatsächlich betraf Bohrs Kritik den Einsteinschen Realitätsbegriff und die Erwiderung auf die EPR-Arbeit beginnt mit den Worten [88]:

> It is shown that a certain »criterion of physical reality« formulated in a recent article with the above title by A. Einstein, B. Podolsky and N. Rosen contains an essential ambiguity when it is applied to quantum phenomena.

Bohr argumentierte, dass zwar keine *mechanische* Beeinflussung zwischen den Teilen des EPR-Paares stattfindet. Dennoch behauptete er einen subtilen Einfluss, den er mit eigenen Worten so beschreibt [78]:

> Indeed, the feature of wholeness typical to proper quantum phenomena finds its logical expression in the circumstance that any attempt at a well-defined subdivision would demand a change in the experimental arrangement incompatible with the definition of the phenomena under investigation.

Bohr behauptet hier also, dass innerhalb der Quantenmechanik Messergebnisse nur im konkreten Kontext der jeweiligen Messung dem Objekt zugeordnet werden können. Dies stellt in der Tat eine Abschwächung der »Objektivitätsforderung« an Realität dar. Der Kontext der Messung ist jedoch die Gesamtheit der Anordnung (»wholeness«) – in der Terminologie des letzten Abschnittes drückt sich in dieser *Kontextualität* also ebenfalls eine Form der *Nichtseparabilität* aus. Versteht man die Modifikation des quantenmechanischen Realitätsbegriffes in diesem Sinne, so handelt es sich im Wesentlichen also um eine andere Form, ihre Nichtseparabilität auszudrücken.

Dies ist jedoch nicht die einzige Variante, den »quantenmechanischen Realitätsbegriff« zu modifizieren. Einen Schritt weiter geht Mermin, der im selben Zusammenhang auf die Frage *What is quantum mechanics trying to tell us?* [104] folgende pointierte Antwort gibt:

> Correlations have physical reality; that which they correlate does not.

Dies, so Mermin weiter, wäre in völliger Analogie zu der Lehre, die aus der Elektrodynamik gezogen werden könne:

> Fields in empty space have physical reality; the medium that supports them does not.

---
[11] Damit bleibt natürlich die Frage unberührt, ob auch noch andere Voraussetzungen für die Herleitung des Bell-Theorems nicht erfüllt werden.

Auch Mermin kann im formalen Sinne der quantenmechanischen Nichtseparabilität, wie sie sich in der Korrelation von verschränkten Zuständen offenbart, nicht entgehen, behauptet aber radikalerweise die Nichtexistenz der entsprechenden Korrelate[12]. Damit wird der Ball weit in das Feld der quantenmechanischen Deutungsdebatte gespielt – einer Diskussion, in der sich kein Konsens abzuzeichnen scheint. Man kann sich des Eindruckes kaum erwehren, dass allen Versuchen, die »Lokalität« der Quantenmechanik zu retten, etwas Künstliches anhaftet.

6.3.4 Widerspricht die Quantenmechanik der speziellen Relativitätstheorie?

Alle Anstrengungen, die »Lokalität« der Quantenmechanik zu retten, müssen natürlich als Versuche gesehen werden, die Verträglichkeit mit einem zentralen Postulat der speziellen Relativitätstheorie sicher zu stellen. Dann wird auch die Bereitschaft zu den gewagten Spekulationen verständlich, die wir im letzten Abschnitt erwähnt haben.

Umgekehrt stellt sich unmittelbar die Frage, ob die Einschränkung der »Lokalität«, die wir in Abschnitt 6.3.2 begründet haben, eine grundlegende Unvereinbarkeit zwischen Quantenmechanik und spezieller Relativitätstheorie offenbart.

Wir haben bereits diskutiert, dass sowohl in der Quantenmechanik als auch innerhalb der Bohmschen Mechanik mit Hilfe der korrelierten *Zufallsreihen* von Spineinstellungen keine *Information* übermittelt werden kann [107]. Diese spezielle Variante von »Lokalität« wird also nicht verletzt. Ballentine bemerkt in diesem Zusammenhang jedoch:

> However it is not clear that the requirements of special relativity are exhausted by excluding superluminal signals. Nor is it clear how one can have superluminal influences (so as to violate Bell's inequality and satisfy quantum mechanics) that in principle can not be used as signals. [...] Whether or not there is a deeper incompatibilty between quantum mechanics and relativity is not certain. [38]

Danach deutet die Verletzung der Bellschen Ungleichung darauf hin, dass das Verhältnis zwischen Quantenmechanik und spezieller Relativitätstheorie noch nicht letztgültig geklärt ist.

Ähnlich äußert sich Abner Shimony, der für das Verhältnis zwischen Quantenmechanik und spezieller Relativitätstheorie den ursprünglich politisch[13] geprägten Begriff *peaceful coexistence* eingeführt hat [108]:

> Because of peaceful coexistence, the tension between quantum mechanics and relativity theory is not a crisis, resolvable only by retrenchment

---

[12] Eine ausführliche Diskussion dieser These im Kontext einer vollständigen Interpretation der Quantenmechanik gibt Mermin in [105]. Eine ähnliche Auffassung vertritt auch de Muynck in [92].

[13] Nikita Chruschtschow erklärte die »friedliche Koexistenz« 1956 zur Maxime der sowjetischen Außenpolitik. Das damit beschriebene Verhältnis kann also nicht unbedingt als Musterbeispiel für uneigeschränkte Verträglichkeit angesehen werden.

> of one or both. Nevertheless, a deeper understanding of the relation
> between these two fundamental parts of physics theory is desirable.

Die letzte Bemerkung mag verwundern. Warum sollte man angesichts erfolgreicher relativistischer Quantenfeldtheorien ein besseres Verständnis der Beziehung zwischen Quantentheorie und Relativität für nötig erachten? Ein Grund dafür liegt darin, dass auch innerhalb der konventionellen relativistischen Quantentheorien das Messproblem bestehen bleibt. In Kapitel 8 werden wir einen Überblick über »Bohm-artige« relativistische Quententheorien geben. Diese lösen das Messproblem mit der selben Strategie wie die nicht-relativistische de Broglie-Bohm Theorie – bisher aber auf Kosten der vollen Lorentzkovarianz.

Die Bedeutung der (Signal-)Lokalität in der speziellen Relativitätstheorie rührt im übrigen aus dem engen Zusammenhang zum Begriff der »Kausalität« her. In Appendix C diskutieren wir diese Verbindung und die absurden Konsequenzen zu denen man geführt wird, wenn man die Existenz von Signalausbreitung mit Überlichtgeschwindigkeit annimmt. Der Einwand, dass unsere Diskussion lediglich im Rahmen der ohnehin nichtrelativistischen Schrödingertheorie stattgefunden hat, ist dabei nicht stichhaltig, da sich die Eigenschaften von Spin und Polarisation im Wesentlichen identisch in die relativistische Formulierung übersetzen [38].

6.3.5 Schlussfolgerungen

Die Verletzung der Bellschen Ungleichung zwingt uns also dazu, von den Konzepten »Lokalität«, »Separabilität« und »Realität« mindestens eines zu verwerfen bzw. zu modifizieren. Dies ist nicht ohne Ironie, denn diese drei Begriffe können zu den bedeutenden metaphysischen Grundannahmen der Physik gezählt werden. Die positivistische Philosophie hat solche metaphysischen Grundannahmen immer abgelehnt, da sie sich ihrer Meinung nach jeder empirischen Überprüfung entziehen würden. Die Bellsche Analyse der Spinkorrelation und die entsprechenden experimentellen Untersuchungen haben jedoch wider Erwarten genau dies geleistet!

Zudem wirft die Verletzung der Bellschen Ungleichung die Frage auf, ob das Verhältnis zwischen Quantenmechanik und spezieller Relativitätstheorie einer Revision bedarf.

Das Bewusstsein für diese folgenschweren Konsequenzen ist nicht weit verbreitet, und sehr treffend schreibt Mermin zum Verhältnis der meisten Physiker zu EPR:

> Contemporary physicists come in two varieties. Type 1 physicists are bothered by EPR and Bell's Theorem. Type 2 (the majority) are not, but one has to distinguish two subvarieties. Type 2a physicists explain why they are not bothered. Their explanations tend either to miss the point entirely (like Born's to Einstein) or to contain physical assertions that can be shown to be false. Type 2b are not bothered and refuse to explain why. (zitiert nach [109])

6.4 Das EPR-Experiment in der Bohmschen Mechanik

Angesichts der Verletzung der Bellschen Ungleichung haftet allen Versuchen, die »Lokalität« der Quantenmechanik zu retten, etwas sehr Künstliches an. Dadurch bekommt die Erklärung der EPR-Korrelationen und der Verletzung der Bellschen Ungleichung in der Bohmschen Mechanik, mit ihrer explizit nichtlokalen Dynamik, etwas sehr natürliches.

Das charakteristische Merkmal des EPR-Experimentes liegt darin, dass ein *verschränkter Zustand* betrachtet wird. Dies bedeutet, dass die Wellenfunktion $\psi(x_1, x_2)$ nicht als Produkt von Einteilchen-Zuständen ($\psi_1(x_1)\cdot\psi_2(x_2)$) dargestellt werden kann[14]. Falls ein System jedoch mit einer verschränkten Wellenfunktion beschrieben wird, koppeln die Bewegungsgleichungen der Bohmschen Mechanik die Teilchenorte in nichtlokaler Weise. Sei $\psi(x_1, x_2) = Re^{\frac{i}{\hbar}S}$ die Wellenfunktion des EPR-Systems mit den Bahnkurven $X_1(t)$ und $X_2(t)$ für die beiden Elemente des EPR-Paares. Ihre Bewegungsgleichungen lauten dann:

$$\frac{dX_1}{dt} = \frac{1}{m_1}\frac{\partial S}{\partial x}(x, X_2(t))\Big|_{x=X_1(t)}$$
$$\frac{dX_2}{dt} = \frac{1}{m_2}\frac{\partial S}{\partial x}(X_1(t), x)\Big|_{x=X_2(t)}$$

Damit hängt die Bewegung eines Teilchens explizit von dem Teilchenort des jeweils anderen ab. Auf diese Weise können die EPR-Korrelationen der Quantenmechanik auf dem Niveau individueller Ereignisse reproduziert werden. Eine detaillierte numerische Analyse dieses Vorganges wird etwa in [54] gegeben.

Falls die Wellenfunktion faktorisiert, entkoppeln die Bewegungsgleichungen, und der Effekt der Nichtlokalität verschwindet. In Abschnitt 7.7 werden wir auf diesen Punkt noch genauer eingehen.

Wie schon mehrfach erwähnt, können ebenso wie in der Quantenmechanik durch diese Korrelationen keine Nachrichten mit Überlichtgeschwindigkeit transportiert werden. Die Zufälligkeit der Polarisations- bzw. Spinrichtungen ist dabei in der Bohmschen Mechanik durch die Quantengleichgewichtshypothese sichergestellt.

Innerhalb der Bohmschen Mechanik findet bekanntlich eine explizite Auszeichnung des Ortes statt, während alle anderen Beobachtungsgrößen *kontextualisiert* werden (siehe Abschnitt 5.2). Der Spin, dessen Korrelation im EPRB-Experiment betrachtet wird, ist gerade eine solche Eigenschaft, die nicht dem Teilchen zugeordnet werden kann, sondern nur der Wellenfunktion (d. h. dem Spinor). Die Korrelationen beziehen sich aus Sicht der Bohmschen Mechanik also auf den Ausgang von Ortsmessungen (hinter z. B. einer Stern-Gerlach-Anordnung).

---

[14] Technisch ausgedrückt handelt es sich bei verschränkten Systemen um N-Teilchen-Zustände, die nicht als N-faches (Tensor-)Produkt von Einteilchen-Zuständen geschrieben werden können. (Siehe etwa [110, S. 147].)

6.4 Das EPR-Experiment in der Bohmschen Mechanik

Einstein, Bohr und Bohm

Es zeigt sich, dass die Bohmsche Mechanik eine interessante Synthese der kontroversen Sichtweisen von Einstein und Bohr leistet. Wie Einstein, behauptet die Bohmsche Mechanik die Unvollständigkeit der üblichen Quantenmechanik und postuliert die Teilchenorte als zusätzliche *reale* und *objektive* Eigenschaft. In großer Nähe zu Bohrs Auffassung jedoch bekommen alle anderen Eigenschaften erst durch den speziellen Kontext der Messung eine Bedeutung.

Der Preis, der für eine objektive Beschreibung geleistet werden muss, ist sowohl in der Quantenmechanik als auch in der Bohmschen Mechanik eine Einschränkung der Lokalitätsforderung. Bohrs Einsicht in die typische »Ganzheit« von Quantenphänomenen kann als Antizipation dieser Eigenschaft angesehen werden.

7 Anwendungen

In diesem Kapitel werden typische quantenmechanische Probleme (harmonischer Oszillator, Doppelspalt, Wasserstoffatom, Tunneleffekt etc.) aus Sicht der Bohmschen Mechanik behandelt. Dabei werden die konzeptionellen Eigenschaften dieser Theorie genauer beleuchtet. Natürlich wird man vor allem die Bohmschen Trajektorien berechnen wollen. In einfachen Fällen kann man sich oft schon ohne Rechnung ein qualitatives Bild ihres Verlaufs machen, in der Regel sind dazu jedoch numerische Methoden notwendig. Einige Ergebnisse dieser Analysen werden im Folgenden vorgestellt. Allerdings ist der Erkenntniswert dieser numerischen Simulationen vom konzeptionellen Standpunkt aus eher gering.

7.1 Allgemeine Eigenschaften der Bohmschen Trajektorien

Im Folgenden behandeln wir einige allgemeine Eigenschaften der Bohmschen Trajektorien. Bei der Diskussion der konkreten Anwendungen dieses Kapitels werden wir ihnen in zahlreichen Fällen wieder begegnen.

7.1.1 Existenz und Eindeutigkeit der Lösung

Die Bewegungsgleichung der Bohmschen Mechanik lautet:

$$\frac{\mathrm{d}Q}{\mathrm{d}t} = \frac{\hbar}{m} \Im\left(\frac{\nabla\psi}{\psi}\right) \tag{7.1}$$

Da die Wellenfunktion auch im Nenner eingeht, scheinen sich Probleme für die Lösbarkeit der Gleichung im Falle von Nullstellen der Wellenfunktion ergeben zu können. Die Existenz und Eindeutigkeit der Lösung konnte jedoch für eine Vielzahl von Potentialtypen explizit gezeigt werden [112, 113]. Diese Analyse umfasst Potentiale vom Typ $1/r^\alpha$ ($\alpha \leq 1$) und damit die wichtige Klasse von N-Teilchen Coulombwechselwirkungen mit beliebigen Ladungen und Massen. Weiterhin konnte die Existenz und Eindeutigkeit der Lösung für harmonische und (positive) anharmonische Potentiale sowie abstoßende Wechselwirkungen von beliebiger Stärke gezeigt werden.

7.1.2 Bohmsche Trajektorien können sich nicht schneiden

Eine wichtige Eigenschaft der Bohmschen Trajektorien ist, dass sie sich im Konfigurationsraum nicht schneiden können. Dies folgt unmittelbar aus der Tatsache, dass die Bewegungsgleichungen erster Ordnung sind.

Die Trajektorien sind bei gegebener Wellenfunktion durch die Beziehung

$$\frac{dQ}{dt} = \frac{\nabla S(x,t)}{m}\Big|_{x=Q} \qquad (7.2)$$

gegeben. Dadurch legt der Ort zu einem beliebigen Zeitpunkt die Bewegung vollkommen fest. Schneiden sich zwei Trajektorien von Teilchen also in *einem* Punkt, so müssen sie schon immer identisch gewesen sein. Daraus alleine lässt sich häufig schon ein qualitatives Bild des Verlaufs der Bahnen angeben. Besonders einfach wird die Situation natürlich bei eindimensionalen Problemen, wo Konfigurations- und Ortsraum zusammenfallen.

7.1.3 Bohmsche Trajektorien reeller Wellenfunktionen

Für eine sog. stationäre Wellenfunktion, die Eigenfunktion des Hamiltonoperators ist, hat die zugehörige Lösung der zeitabhängigen Schrödingergleichung die Form $\psi = Re^{-\frac{i}{\hbar}Et}$ mit E dem Energieeigenwert des entsprechenden Zustandes. Falls die Funktion R reell ist, und für z. B. Energie-Grundzustände ist diese Wahl immer möglich, kann die Bewegungsgleichung der Bohmschen Mechanik besonders einfach gelöst werden: Für die Phase in der Polardarstellung der Wellenfunktion gilt dann offensichtlich $S = -Et$. Für die Teilchengeschwindigkeit heißt dies jedoch:

$$\begin{aligned}\frac{dQ}{dt} &= \frac{1}{m}\frac{\partial S(x,t)}{\partial x} \\ &= \frac{1}{m}\frac{\partial(-Et)}{\partial x} \\ &= 0\end{aligned}$$

Mit anderen Worten ruht das Teilchen, das durch diese Wellenfunktion beschrieben wird, und zwar an Orten, die gemäß der Quantengleichgewichtshypothese $|\psi|^2$-verteilt sind. In Abschnitt 7.2.2 werden wir auf diesen Punkt noch genauer eingehen.

Man beachte jedoch, dass die Superposition zweier reeller Wellenfunktionen $\psi_1 + a\psi_2$ ($a \in \mathbb{C}$) zu einer beliebig komplizierten Bewegung Anlass geben kann [4, 5].

7.2 Der harmonische Oszillator

Als erste konkrete Anwendung untersuchen wir nun den quantenmechanischen harmonischen Oszillator (HO) in einer Dimension. Wir betrachten also ein Teilchen im Potential $V_{HO} = \frac{m\omega^2}{2}x^2$.

Da das Potential nicht von der Zeit abhängt, werden wir mit dem Ansatz $\psi(x,t) = u(x)e^{-i\omega t}$ sofort auf die stationäre Schrödingergleichung geführt:

$$\left[-\frac{\hbar^2}{2m}\frac{d^2}{dx^2} + \frac{m\omega^2}{2}x^2\right]u(x) = E \cdot u(x) \qquad (7.3)$$

7.2 Der harmonische Oszillator

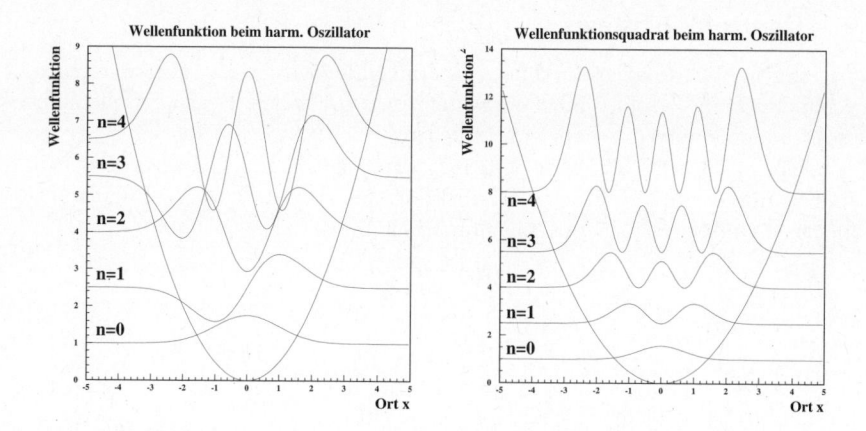

Abbildung 7.1: Wellenfunktion und Betragsquadrat der Wellenfunktion der ersten Eigenfunktionen des quantenmechanischen harmonischen Oszillators.

In einer einfachen Rechnung [58] zeigt man, dass die Energie-Eigenwerte $E_n = \hbar\omega(n + 1/2)$ sind. Für die zugehörigen Eigenfunktionen $u_n(x)$ findet man [58]:

$$u_n(x) = (n!\sqrt{\pi}x_0)^{-1/2} e^{-\frac{1}{2}(\frac{x}{x_0})^2} \cdot H_n(x/x_0) \quad (7.4)$$

Dabei gilt $x_0 = \sqrt{\hbar/m\omega}$. Die H_n sind die sog. Hermiteschen Polynome, die reellwertig sind. Die H_i von 0 bis 4 lauten etwa:

$$\begin{aligned}
H_0(x) &= 1 \\
H_1(x) &= 2x \\
H_2(x) &= 4x^2 - 2 \\
H_3(x) &= 8x^3 - 12x \\
H_4(x) &= 16x^4 - 48x^2 + 12
\end{aligned}$$

Die Abbildung 7.1 zeigt jeweils die Wellenfunktion sowie ihr Betragsquadrat für die ersten fünf Eigenwerte.

7.2.1 Bohmsche Trajektorien beim harmonischen Oszillator

Wie lauten nun die Bohmschen Trajektorien für dieses Problem? Die Antwort ist in Abschnitt 7.1.3 bereits vorweggenommen worden: Da die $u_n(x)$ reell sind, ist die Geschwindigkeit des Teilchens Null. Es ruht also, und zwar an Orten, die gemäß der Quantengleichgewichtshypothese $|\psi|^2$-verteilt sind. Der Wechsel in einen höheren Besetzungszustand bedarf einer Anregung, die in Gleichung 7.3 nicht enthalten ist. In diesem Fall würde man auf eine andere Wellenfunktion geführt werden und die Position des Teilchens wäre nicht mehr fest.

7.2.2 Die Kritik Einsteins

In Abschnitt 2.3 hatten wir erwähnt, dass Einstein seine Kritik an der Bohmschen Mechanik an einem sehr ähnlichen System begründet hat. Deshalb wollen wir dieses Phänomen etwas genauer untersuchen.

Einstein betrachtete ein Teilchen der Masse m zwischen ideal reflektierenden Wänden mit Abstand L, d.h. in einem Potential, das für $|x| > L/2$ unendlich und sonst Null ist. Die Energie-Eigenfunktionen des Teilchens lauten:

$$\psi_n(x,t) = \begin{cases} Ce^{-iE_n t/\hbar}\cos(k_n x), & n \text{ ungerade} \\ Ce^{-iE_n t/\hbar}\sin(k_n x), & n \text{ gerade} \end{cases}$$

Mit $k_n = \frac{n\pi}{L}$, $E_n = \frac{\hbar^2 k_n^2}{2m}$ und $C = \frac{1}{\sqrt{2L}}$. Es handelt sich bei ψ also um die Überlagerung von nach links bzw. rechts laufenden ebenen Wellen. Die Bohmsche Mechanik ordnet diesem Teilchen – wie im Falle des harmonischen Oszillators – die Geschwindigkeit Null zu. Dieses Ergebnis ist in der Tat verblüffend und unintuitiv. Es ist jedoch weder absurd noch widerlegt es die Bohmsche Mechanik.

Es ist instruktiv zu fragen, was die quantenmechanische Beschreibung des Systems liefert. Hier kann dem Teilchen gar keine Bahn zugeordnet werden. Es besitzt somit gar keine Geschwindigkeit, von der beurteilt werden könnte, ob ihr Wert sinnvoll erscheint oder intuitiv ist. Auch von dem Impuls des Teilchens darf ohne Messung nicht ohne weiteres gesprochen werden, da der Zustand eine Überlagerung von verschiedenen Eigenzuständen darstellt.

Hängt man der Ensemble-Interpretation an, so schweigt die Quantenmechanik sowieso über Eigenschaften individueller Teilchen, und die Wellenfunktion beschreibt lediglich statistische Eigenschaften einer Vielzahl solcher Systeme.

Die Bohmsche Mechanik unterliegt diesen Einschränkungen nicht. Hier besitzt das Teilchen auch ohne Messung einen definierten Ort. Jedoch hat der Begriff »Impuls des Teilchens« innerhalb der Bohmschen Mechanik nur eine eingeschränkte Bedeutung! Es handelt sich, im Sinne unserer Erläuterungen in Abschnitt 5.2, um eine »kontextuelle« Eigenschaft. Führt man also ein Experiment zur »Impuls-Messung« durch, sagt die Bohmsche Mechanik für seinen Ausgang dasselbe Ergebnis wie die Quantenmechanik voraus. In unserem Beispiel müssten zu diesem Zweck die Wände der Anordnung entfernt werden, wodurch die neue Wellenfunktion auf eine nichtverschwindende Geschwindigkeit führen würde. Die asymptotische Bahnkurve dieses Teilchens ist dann $x(t) \approx \pm(\hbar k/m)t + const.$ [5, S. 139]. Über das Vorzeichen entscheidet der zufällig verteilte Anfangsort des Teilchens. Damit wird die statistische Vorhersage der Quantenmechanik exakt reproduziert.

Man erkennt, dass die Bohmsche Mechanik eine eindeutige Beschreibung des betrachteten Vorganges liefert. Diese mag als »unintuitiv« empfunden werden, obwohl in Ermangelung jeder direkten Anschauung von quantenmechanischen Vorgängen bezweifelt werden kann, ob das Konzept der »Intuition« sinnvoll anwendbar ist.

7.3 Das Wasserstoffatom

Die Beschreibung der üblichen Quantenmechanik ist in jedem Fall ebenfalls nicht »intuitiv«. In der Quantenmechanik kann und darf man sich gar kein Bild von Ort und Geschwindigkeit des individuellen Teilchens machen. Dieses Beispiel illustriert nur die besonderen Eigenschaften der Bohmschen Theorie und ist nicht geeignet, die Überlegenheit der konventionellen Quantenmechanik zu begründen.

7.3 Das Wasserstoffatom

Eine wichtige Anwendung der Quantenmechanik besteht in der Berechnung der stationären Zustände des Wasserstoffatoms. Beschrieben wird also die Bewegung eines Elektrons im Coulombpotential:

$$V(\mathbf{r}) = -\frac{e_0^2 Z}{|\mathbf{r}|} \tag{7.5}$$

mit e_0 der Elementarladung und Z der Kernladungszahl, also $Z = 1$ für das

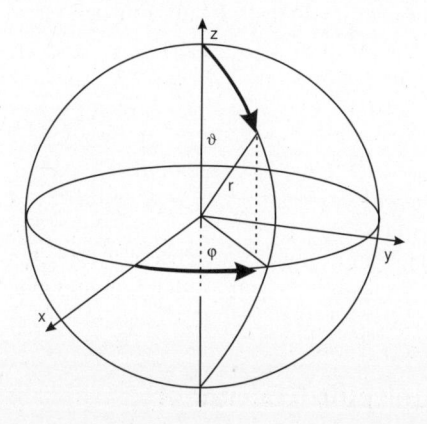

Abbildung 7.2: Koordinatensystem zur Beschreibung des Wasserstoffatoms.

Wasserstoffatom. Da es sich um ein Zentralpotential handelt (d. h. $V(\mathbf{r})$ hängt nur von $|\mathbf{r}| = r$ ab), kann man Radial- und Winkelabhängigkeit separieren. In den üblichen Bezeichnungsweisen wird man schließlich auf folgende Lösung geführt [58]:

$$\psi_{n,l,m} = R_{nl}(r) Y_{lm}(\vartheta, \varphi) e^{-\frac{i}{\hbar} tE} \tag{7.6}$$

$n = 1, 2, 3, \ldots$ ist die sog. Hauptquantenzahl, $l = 0, 1, \ldots, n-1$ die Drehimpulsquantenzahl und $-l < m < l$ die »magnetische« Quantenzahl. Für die Kugelflächenfunktionen gilt $Y_{lm}(\vartheta, \varphi) = f_{lm}(\vartheta) e^{im\varphi}$, mit reellen Funktionen f_{lm}, die proportional zu den Legendre-Polynomen sind. Die Funktionen $R_{nl}(r)$ sind dabei ebenfalls reellwertig. Die Energieniveaus sind gegeben durch:

$$E_n = -\frac{m_e Z^2 e_0^4}{2\hbar^2 n^2} \tag{7.7}$$

Hierbei ist m_e die Masse des Elektrons. Ein stationärer Zustand mit Energie E_n wird also durch folgende Wellenfunktion beschrieben:

$$\psi = R_{nl}(r) f_{lm}(\vartheta) e^{i(m\varphi - Et/\hbar)} \tag{7.8}$$

7.3.1 Bohmsche Trajektorien beim Wasserstoff

Für den Grundzustand ergibt sich damit wiederum eine reelle Wellenfunktion, sodass man, wie im Fall des harmonischen Oszillators, auf eine triviale Trajektorie geführt wird: Das Teilchen ruht, und zwar an Orten, die gemäß der Quantengleichgewichtshypothese $|\psi_{100}|^2$-verteilt sind.

Bei den angeregten Zuständen liest man hingegen aus Beziehung 7.8 für die Phase der Wellenfunktion $S = m\hbar\varphi - Et$ ab. Für den Ort des Wasserstoffhüllenelektrons mit Masse m_e gilt also:

$$\begin{aligned} r &= r_0 \\ \vartheta &= \vartheta_0 \\ \varphi &= \varphi_0 + \frac{m\hbar}{m_e r_0^2 \sin^2 \vartheta_0} t \end{aligned}$$

Die Bewegung findet somit um die z-Achse statt (siehe Abbildung 7.2), wobei die Werte für r_0, ϑ_0 und φ_0 gemäß der Quantengleichgewichtshypothese $|\psi_{n,l,m}|^2$-verteilt sind.

7.4 Das Doppelspaltexperiment

Das Doppelspaltexperiment mit Materieteilchen (z. B. Elektronen) wird in den meisten Darstellungen der Quantenmechanik als Schlüsselexperiment für den Welle-Teilchen-Dualismus betrachtet, wobei selbst renommierte Darstellungen der Quantenmechanik (wie z. B. Landau-Lifschitz [57]) behaupten, dass das beobachtbare Interferenzmuster *keine* Erklärung durch Teilchen auf Trajektorien zulässt. Wodurch – so der oft gehörte Einwand – kann schließlich ein Teilchen, das durch den einen Spalt dringt, »wissen«, ob der andere Spalt geöffnet ist?

In der Bohmschen Mechanik ist die Situation jedoch sehr einfach: Die Wellenfunktion interferiert am Doppelspalt (vermittels Potentialterm in der Schrödingergleichung trägt sie die Information über *beide* Spalte) und »führt« die Teilchen, die jeweils durch einen Spalt dringen, auf ihren Trajektorien. Dadurch finden sich gerade mehr Teilchen in den Maxima der $|\psi|^2$-Verteilung und ergeben das beobachtbare Interferenzmuster. Es sind also durchaus Wellen- und Teilchenbild

7.4 Das Doppelspaltexperiment

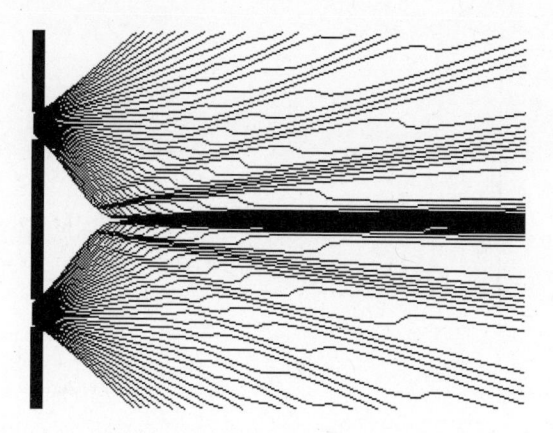

Abbildung 7.3: Numerische Simulation einiger Bohmscher Trajektorien im Doppelspaltexperiment [114]. Die stetigen und deterministischen Bahnen führen zum bekannten Interferenzmuster, da sie durch die Wellenfunktion, die am Spalt interferiert, »geleitet« werden.

erforderlich, um die Situation zu beschreiben, aber nicht in einem schwankenden Sinne von Komplementarität, der der Frage nach dem, was tatsächlich passiert, ausweicht. In der üblichen Deutung tritt erst beim Akt der Messung auf dem Fotoschirm der Teilchencharakter (die lokalisierte Schwärzung etc.) wieder auf, und die »Potentialität«, die die Wellenfunktion ausdrückt, »aktualisiert« sich in einem »zufälligen« Ereignis. Als Anhänger der Ensemble-Interpretation kann man eine Beschreibung des individuellen Vorganges schließlich gar nicht leisten.

In der Bohmschen Mechanik hingegen repräsentiert die Wellenfunktion eine physikalische Realität, die auf die Bewegung »tatsächlicher« Teilchen Einfluss ausübt. Sie werden an einem bestimmten Ort nur aus einem Grund gemessen: Weil sie nämlich dort *sind*. Die Frage, durch welchen Spalt die Teilchen geflogen sind, findet eine triviale Antwort. Da die Bohmschen Trajektorien von Teilchen sich nicht schneiden können, sind alle Teilchen, die den Schirm oberhalb der Symmetrieebene treffen, auch durch den oberen Spalt geflogen. Die numerische Simulation einiger Teilchenbahnen im Doppelspalt zeigt Abbildung 7.3. Man erkennt, dass die Bahnen ein vollkommen »unklassisches« Verhalten zeigen. Obwohl der Bereich zwischen Doppelspalt und Nachweisschirm im klassischen Sinne feldfrei ist, bewegen sich die Teilchen nicht geradlinig. Unter dem Einfluss der sie leitenden Wellenfunktion weisen sie Richtungsänderungen auf.

7.4.1 Doppelspaltexperiment mit verzögerter Wahl

Wir betrachten nun eine Variante des Doppelspaltexperimentes mit »verzögerter Wahl« (*delayed-choice*). Diese Anordnung ist in hervorragender Weise geeignet,

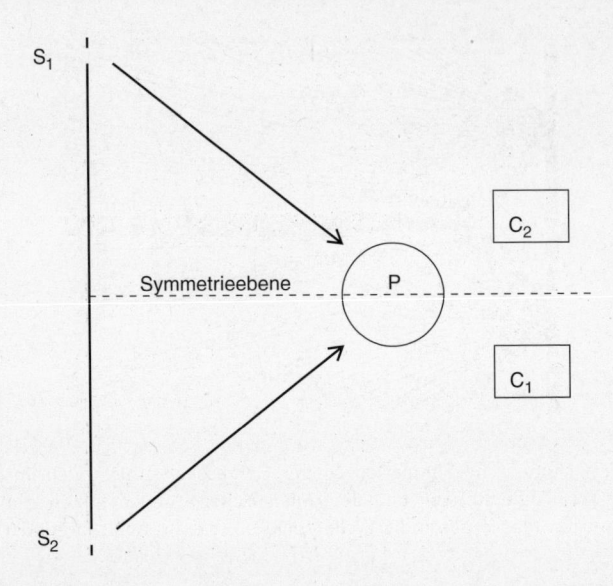

Abbildung 7.4: Schematische Darstellung des *delayed-choice double-slit*-Experimentes. Die Teilchen werden hinter dem Doppelspalt durch ein Linsensystem (nicht dargestellt) abgelenkt, sodass sie sich als ebene kohärente Wellenzüge in der Region P kreuzen. Die Pfeile deuten also die Ausbreitungsrichtung dieser Wellen an.

konzeptionelle Eigenschaften von Bohmscher und Quantenmechanik zu beleuchten. Unsere Darstellung folgt Bell [12, S. 111ff].

Wir betrachten eine Teilchenquelle hinter einem Doppelspalt (siehe Abb. 7.4). Die Teilchen werden hinter den Spalten durch ein Linsensystem abgelenkt, sodass sie sich als ebene Wellenzüge in der Region P kreuzen. In dieser Region kann mit Hilfe einer fotografischen Platte die Interferenz dieser Strahlung gemessen werden. Falls man diese Platte nicht anbringt, wird man in den Zählern C_1 bzw. C_2 das Auftreffen von Teilchen registrieren. In einem Fall zwingt die experimentelle Anordnung die Quantenobjekte also dazu, ihren Teilchencharakter zu manifestieren, im anderen Fall offenbart sich der Wellencharakter.

Zu kuriosen Konsequenzen wird man geführt, wenn man erstens die Quelle so stark abschwächt, dass nur einzelne Teilchen emittiert werden, und zweitens die Wahl der Messanordnung (d. h. Fotoplatte *oder* Zähler) erst *nach* der Durchquerung des Doppelspalts trifft (deshalb auch die Bezeichnung *delayed-choice*). In dieser Situation wird entweder einer der Zähler angesprochen, was auf den Teilchenursprung aus *einem* der beiden Spalte hindeutet, oder eine Stelle der Fotoemulsion getroffen, die mit ausreichender Dauer des Experimentes das Interferenzmuster abbildet. Nicht selten trifft man innerhalb der üblichen Quantenmechanik jedoch die Sprechweise an, Interferenzeffekte für Materiewellen bedeuten, dass, bildlich gesprochen, die betreffenden Teilchen (bzw. »Materiewel-

7.4 Das Doppelspaltexperiment

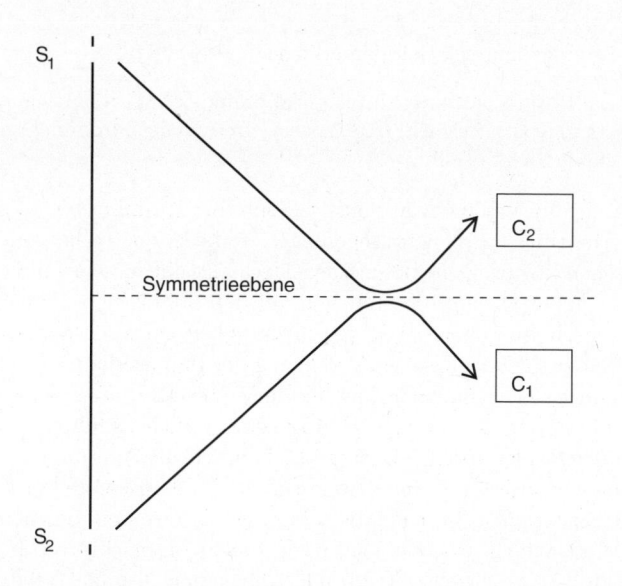

Abbildung 7.5: Bohmsche Trajektorien im *delayed-choice double-slit*-Experiment. Entgegen der klassischen Erwartung führen die Bohmschen Trajektorien aus dem oberen Spalt zum oberen Zähler und umgekehrt. Dies folgt unmittelbar aus der Symmetrie der Anordnung.

len«) durch *beide* Spalte gedrungen seien. Eine Anordnung wie die eben skizzierte entlarvt diese Sprechweise jedoch, denn schließlich scheint man *nach* Durchqueren des Doppelspaltes entscheiden zu können, ob *ein* oder *zwei* Spalte durchdrungen wurden. In seltener Deutlichkeit wird hier die Schwierigkeit beleuchtet, Welle und Teilchenbild innerhalb der üblichen Quantenmechanik miteinander zu vereinbaren. Bell schreibt dazu lakonisch [12, S. 112]:

> Perhaps it is better not to think about it. »No phenomenon is a phenomenon until it is an observed phenomenon.«

Innerhalb der Bohmschen Mechanik stellt sich dieses Problem natürlich nicht – dafür tritt jedoch eine andere skurrile Eigenschaft auf. Nach Bohm wird das Objekt durch die Wellenfunktion *und* den Ort beschrieben, sodass es auf natürliche Weise Wellen-. und Teilcheneigenschaften besitzt. Die Wellenfunktion geht *immer* durch beide Spalte, die Teilchenbahn führt jedoch *immer* durch einen Spalt. Falls eine fotografische Platte den Teilchenort in der Region P anzeigt, bezeichnet dies genau die Position, die das Teilchen auch auf dem Weg zu einem der Zähler passiert hätte. Allerdings folgt, wie im Falle des einfachen Doppelspalts, aus der Symmetrie der Anordnung, dass die in unserer Abbildung gestrichelte Linie nicht überquert werden kann. Dies bedeutet jedoch, dass der Weg zu einem der Zähler nicht in einer geraden Bahn erfolgt. Die Bohmsche Trajektorie der Teilchen aus Spalt 1 führt auf einer gekrümmten Bahn zum Zähler C_2. Diese Bahnen sind in

Abbildung 7.5 angedeutet[1]. Bell bemerkt dazu [12, S. 113]:

> It is vital here to put away the classical prejudice that a particle moves on a straight path in »field-free« space – free, that is, from fields other than the de Broglie-Bohm!

Das »klassische Vorurteil«, von dem Bell spricht, ist dabei nichts anderes als die Impulserhaltung der Newtonschen Mechanik. In der vollkommen anderen mathematischen Struktur der Bohmschen Mechanik gilt diese eben nicht. Einmal mehr erkennt man, warum den Teilchen auf der Bohmschen Trajektorie keine anderen Eigenschaften als Ort und Geschwindigkeit zugeordnet werden.

Ist es jedoch möglich, eine solche Verletzung der Impulserhaltung experimentell direkt nachzuweisen? Kann man, anders ausgedrückt, durch Anbringung von Detektoren hinter den Spalten den Nachweis eines Teilchens führen, das aus Spalt 2 kommend den Zähler 1 trifft? Dazu betrachten wir die Anordnung wie in Abbildung 7.6. Die Detektoren D_1 und D_2 müssen nun in die Beschreibung einbezogen werden. Die Situationen, in denen der obere Detektor einen Teilchendurchgang nachweist, sind jedoch makroskopisch von denen unterschieden, in denen der untere Detektor anspricht. Dadurch können die entsprechenden Wellenfunktionen nicht mehr zur Interferenz gebracht werden, und die bohmschen Trajektorien verlaufen in solch einem Fall tatsächlich von Spalt 1 zu Zähler 1 bzw. von Spalt 2 zu Zähler 2. Formal argumentiert man wie folgt: Die Wellenfunktionen der *Teilchen* hinter den Spalten 1 und 2 seien ψ_1 und ψ_2. Die Detektoren werden formal durch eine Wellenfunktion ψ_{D1}^i und ψ_{D2}^i beschrieben. Der obere Index unterscheidet die Zustände des Detektors, je nachdem, ob ein Teilchennachweis erfolgte ($i = 1$) oder nicht ($i = 0$). Damit wird das System durch folgende Wellenfunktion Ψ beschrieben:

$$\Psi(t) = \Psi_1(t) + \Psi_2(t)$$

mit:

$$\Psi_1(t) = \psi_1(t,r) \cdot \psi_{D1}^1(t,r_1,\ldots) \cdot \psi_{D2}^0(t,r_2,\ldots)$$
$$\Psi_2(t) = \psi_2(t,r) \cdot \psi_{D1}^0(t,r_1,\ldots) \cdot \psi_{D2}^1(t,r_2,\ldots)$$

Angedeutet ist die Vielzahl von Ortskoordinaten, von denen die Detektoren abhängen. Die Bewegungsgleichung lautet in einem solchen Mehrteilchen-Fall:

$$\dot{Q}(t) = \frac{\hbar}{m}\frac{\partial}{\partial r}\Im \log \Psi(t,r,r_1,r_2,\ldots)|_{r=Q(t),r_1=Q_1(t),r_2=Q_2(t),\ldots}$$

Die Auswertung dieser Gleichung erscheint zunächst hoffnungslos, da im Prinzip eine Vielzahl von Ortskoordinaten der Detektoren etc. spezifiziert werden müssen. Da der Teilchennachweis jedoch zu makroskopisch verschiedenen Konfigurationen führt (Ausschlag eines Zeigers etc.), können die beiden Anteile der Wellenfunktion

---

[1] In [114] findet sich eine numerische Simulation dieser Trajektorien.

7.4 Das Doppelspaltexperiment

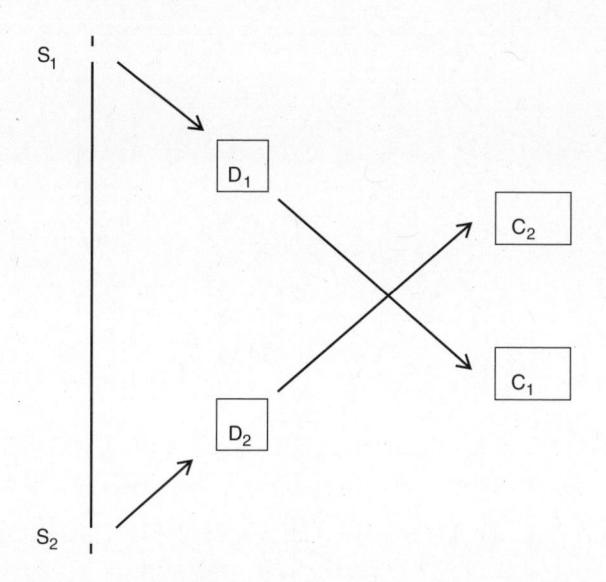

Abbildung 7.6: Schematische Darstellung des *delayed-choice double-slit*-Experimentes mit Nachweisgeräten hinter den Spalten. Durch den Teilchennachweis hinter dem Spalt wird die Symmetrie der Anordnung gebrochen, sodass die Bohmschen Bahnen sich im *Ortsraum* kreuzen.

nicht zur Interferenz gebracht werden[2] (d. h. $|\Psi|^2 = |\Psi_1|^2 + |\Psi_2|^2$). Der Ort jedes Teilchens wird nun in genau einem Zweig der Wellenfunktion sein, sodass für die Bewegung nur dieser Summand der Gesamtwellenfunktion beiträgt:

$$\dot{Q}(t) = \frac{\hbar}{m}\frac{\partial}{\partial r}\Im\log\psi_1(t, Q(t))$$

$$\text{oder:}\quad \dot{Q}(t) = \frac{\hbar}{m}\frac{\partial}{\partial r}\Im\log\psi_2(t, Q(t))$$

Die Wellenfunktion der Detektoren trägt hier nicht mehr bei, da der Ausdruck faktorisiert[3] (siehe dazu Abschnitt 7.7).

Es tritt also keine Interferenz mehr auf, und die Bewegung kreuzt die *vormalige* Symmetrieebene. Im *Konfigurationsraum* der Anordnung findet hingegen keine Überschneidung statt, da die makroskopische Zustandsänderung der Detektoren die Konfiguration vollkommen verändert hat. Auf diese Weise ergeben sich die

---

[2] Man beachte, dass dieses Argument unabhängig von der Bohmschen Mechanik ist. Es stellt in gleicher Weise sicher, dass auch innerhalb der üblichen Quantenmechanik die Anwesenheit der Detektoren das Interferenzmuster zerstört.

[3] Diese Unterscheidung wird implizit schon dann vorgenommen, wenn z. B. das Linsensystem etc. in die Beschreibung nicht aufgenommen wird. Bell bemerkt jedoch: »Note that in the de Broglie-Bohm scheme this singling out of a ›system‹ is a practical thing defined by the circumstances, and not already in the fundamental formulation of the theory.«

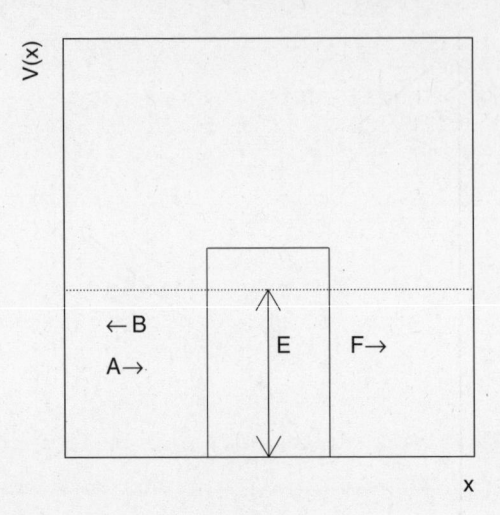

Abbildung 7.7: Potentialverlauf und Amplituden der einfallenden (A), reflektierten (B) und durchlaufenden Welle (F) beim Tunneleffekt.

Trajektorien wie in Abbildung 7.6 angedeutet. Diese entsprechen aber gerade dem »klassischen Vorurteil«, von dem Bell gesprochen hat. Der experimentelle Nachweis der Impulsverletzung der Bohmschen Trajektorien ist also nicht möglich!

In Kapitel 9 (Kritik an der Bohmschen Mechanik) werden wir dieser Versuchsanordnung in leicht modifizierter Form wiederbegegnen. In [162] wird nämlich versucht, mit einer Analyse dieses Experiments die Widersprüchlichkeit der Bohmschen Mechanik nachzuweisen.

7.5 Der Tunneleffekt

Zu den Phänomenen, die die Merkwürdigkeiten der Quantenmechanik beispielhaft illustrieren, gehört der Tunneleffekt, d. h. die Möglichkeit, dass ein Objekt eine Potentialbarriere durchquert, obwohl seine Energie *unterhalb* der betreffenden Schwelle liegt. Im Folgenden geben wir eine Diskussion des Effektes im Rahmen der üblichen Quantenmechanik und behandeln dann die Deutung in der Bohmschen Mechanik.

7.5.1 Tunneleffekt in der Quantenmechanik

Wir beginnen damit, den Leser an die relevanten Resultate bei der quantenmechanischen Behandlung des Tunneleffektes zu erinnern. Unsere Diskussion wird dabei lediglich den eindimensionalen Fall betreffen.

Abbildung 7.7 zeigt den betrachteten Potentialverlauf (»Kastenpotential«). Die Energie des Zustandes sei kleiner als die Höhe der Barriere ($E < V_0$). Die

7.5 Der Tunneleffekt

Länge der Barriere sei $2a$ und erstrecke sich von $-a$ bis $+a$. Dann kann für die drei Bereiche $x < -a$ (links von der Barriere), $-a < x < a$ (in der Barriere) sowie $x > a$ (rechts von der Barriere) folgender Ansatz gemacht werden:

$$\psi(x) = \begin{cases} \psi_I = Ae^{ikx} + Be^{-ikx} & \text{für } x < -a \\ \psi_{II} = Ce^{-\kappa x} + De^{\kappa x} & \text{für } -a < x < a \\ \psi_{III} = Fe^{ikx} + Ge^{-ikx} & \text{für } x > a \end{cases} \quad (7.9)$$

mit $k = \sqrt{2mE}/\hbar$ bzw. $\kappa = \sqrt{2m(V_0 - E)}/\hbar$. Da, wie erwähnt, hier nur der Fall $E < V_0$ betrachtet werden soll, ist κ reell. Offensichtlich gelten für diese Lösungen *Stetigkeitsbedingungen* an den Grenzen der Potentialstufe, und zwar sowohl für die Wellenfunktion selbst als auch für ihre erste Ableitung. Diese Bedingungen lauten also:

$$\begin{aligned} \psi_I(-a) &= \psi_{II}(-a) \\ \psi_I'(-a) &= \psi_{II}'(-a) \\ \psi_{II}(a) &= \psi_{III}(a) \\ \psi_{II}'(a) &= \psi_{III}'(a) \end{aligned}$$

Diese 4 Bedingungen für 6 Unbekannte erlauben zwei Koeffizienten zu eliminieren und etwa A und B durch F und G auszudrücken. Betrachtet man ein von *links* einlaufendes Teilchen, gilt jedoch $G = 0$, sodass man nach einer etwas langwierigen Rechnung [58] findet:

$$\begin{aligned} A &= F\left(\cosh 2\kappa a + \frac{i\epsilon}{2}\sinh 2\kappa a\right)e^{2ika} \\ B &= F\left(-\frac{i\eta}{2}\right)\sinh 2\kappa a \end{aligned}$$

Dabei sind $\epsilon = \frac{\kappa}{k} - \frac{k}{\kappa}$ und $\eta = \frac{\kappa}{k} + \frac{k}{\kappa}$. Man erkennt, dass die Amplitude F ($\propto \psi_{III}$) von Null verschieden ist, es also einen Teilchenstrom durch die Barriere hindurch gibt! Für eine quantitative Beschreibung definiert man die *Transmissionsamplitude* F/A, also das Verhältnis der Amplituden von ein- und auslaufender Welle. Besser noch betrachtet man jedoch deren Quadrat $|F/A|^2$, nämlich die *Wahrscheinlichkeit* dafür, dass ein Teilchen die Barriere durchdringt. Für diese findet man:

$$\left|\frac{F}{A}\right|^2 = \frac{1}{1 + (1 + (\epsilon^2/4)\sinh^2 2\kappa a)} \quad (7.10)$$

Im Grenzfall einer hohen und breiten Barriere ($\kappa a \gg 1$) gilt $\sinh 2\kappa a \approx \frac{1}{2}e^{2\kappa a} \gg 1$. In dieser Näherung kann man den Summanden »1« im Nenner von 7.10 vernachlässigen und findet:

$$\left|\frac{F}{A}\right|^2 \approx \frac{16E(V_0 - E)}{V_0^2}\exp\left(-\frac{4a}{\hbar}\sqrt{2m(V_0 - E)}\right) \quad (7.11)$$

In guter Näherung kann der Vorfaktor der e-Funktion ebenfalls vernachlässigt werden:

$$\left|\frac{F}{A}\right|^2 \approx e^{-\frac{4a}{\hbar}\sqrt{2m(V_0-E)}} \tag{7.12}$$

Dieses Ergebnis lässt sich zum Glück auch auf weniger pathologische Potentialverläufe verallgemeinern. Für ein kontinuierliches Potential $V(x)$, dass zwischen den Punkten a und b größer als E ist, findet man[4]:

$$\left|\frac{F}{A}\right|^2 \approx \exp\left(-2\int_a^b -\frac{\sqrt{2m(V(x)-E)}}{\hbar}\mathrm{d}x\right) \tag{7.13}$$

Um aus diesem Ergebnis tatsächlich Wahrscheinlichkeiten für z. B. den α-Zerfall eines Kerns angeben zu können, müssen jedoch noch zusätzliche Modellannahmen über den Teilchenstrom gemacht werden [58].

7.5.2 Bohmsche Trajektorien beim Tunneleffekt

Wie üblich kann man für die Bohmsche Mechanik die Lösung der Schrödingergleichung übernehmen. Sie wird jedoch als die Verteilung der Teilchenorte aufgefasst, zu denen kontinuierliche Trajektorien geführt haben. Diese Trajektorien auszurechnen erfordert allerdings numerische Methoden.

In unserem eindimensionalen Fall kann man jedoch eine einfache qualitative Überlegung zum Verlauf der Bahnen anstellen: Da Trajektorien sich nicht schneiden können (siehe dazu Abschnitt 7.1), müssen die *ersten* Bahnen das Hindernis durchdringen, da deren Trajektorien sich sonst mit den nachkommenden kreuzen würden. Ab einem bestimmten Anfangsort (schließlich legt der Anfangsort zusammen mit der Wellenfunktion die Trajektorie vollkommen fest) tritt nun Reflexion auf, aber auch hier können die Bahnen sich nicht schneiden. Daraus folgt, dass die ersten Teilchen, die das Hindernis *nicht* durchqueren, immerhin noch tiefer in dieses eindringen als die nachfolgenden. Auf diese Weise können trotz Reflexion überschneidungsfreie Bahnen erzeugt werden. Die grafische Darstellung einer numerischen Simulation der Bohmschen Trajektorien ist in Abbildung 7.8 [115] dargestellt.

7.5.3 Das Tunnelzeit-Problem

Eine nahe liegende Frage im Zusammenhang mit dem Tunneleffekt lautet, wie viel *Zeit* ein Teilchen zum Durchdringen der Potentialbarriere braucht. Die quantenmechanische Beschreibung des Tunneleffektes aus Abschnitt 7.5.1, wie sie sich auch in zahllosen Lehrbüchern der Quantenmechanik findet, hilft bei

---

[4] a und b bezeichnen die klassischen Umkehrpunkte der Bewegung. Der Faktor »2« statt »4« in Beziehung 7.12 ist dem Umstand geschuldet, dass unser Kastenpotential die Länge $2a$ hat und nun durch Stufen der Länge $\mathrm{d}x$ approximiert wird!

7.5 Der Tunneleffekt

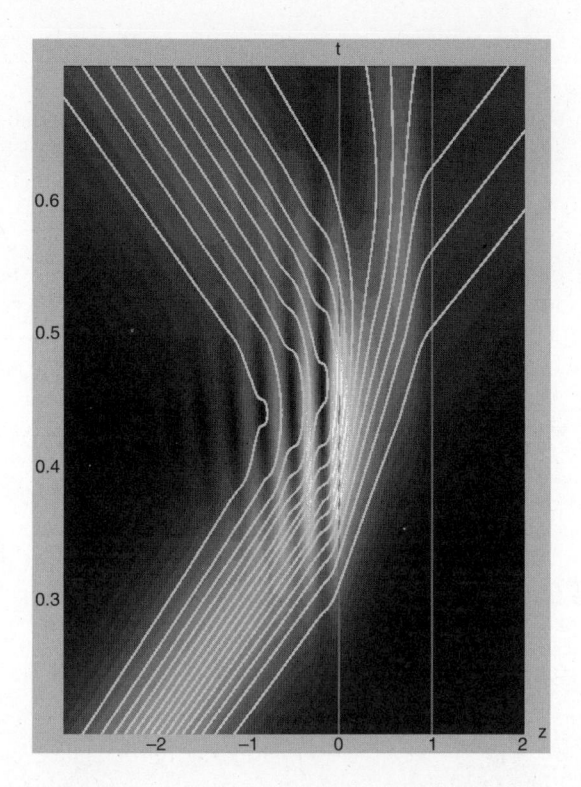

Abbildung 7.8: Simulation der Bohmschen Trajektorien beim eindimensionalen Tunneleffekt [115]. Dargestellt sind Orts- (x-Achse) und Zeitkoordinate (y-Achse).

der Beantwortung nicht weiter, da sie auf einer Analyse der stationären, d. h. zeitunabhängigen Schrödingergleichung basiert.

Tatsächlich findet man, dass die Frage nach der Tunnelzeit in der Quantenmechanik auch bei Betrachtung der zeitabhängigen Schrödingergleichung auf keine eindeutige Antwort führt bzw. numerisch höchst unterschiedliche Zeitskalen dem Tunnelprozess zugeordnet werden können. Noch nicht einmal eine *mittlere* Zeit kann dem Tunnelprozess zugeordnet werden. Dasselbe gilt für andere Zeitskalen in der Quantenmechanik wie etwa »Ankunftszeiten« (*time of arrival*), Reaktionszeiten etc. Formal reflektiert dies den Umstand, dass die *Zeit* innerhalb der Quantenmechanik keine Observable ist, d. h. ihr kein Operator zugeordnet werden kann[5].

Im Gegensatz dazu erlaubt die Bohmsche Mechanik eine direkte und eindeutige Beantwortung der Frage nach der Zeit eines bestimmten quantenmechanischen

---

[5] Tatsächlich existieren auch Versuche, einen Zeitoperator in den Formalismus der Quantenmechanik einzuführen. In [116] wird etwa der Ausdruck $T = -\frac{m}{2}(XP^{-1} + P^{-1}X)$ vorgeschlagen.

Vorganges, da hier Teilchen auf kontinuierlichen Trajektorien mit definierten Geschwindigkeiten beschrieben werden[6]

Wir haben bisher betont, dass der deskriptive Gehalt von Quantenmechanik und Bohmscher Mechanik identisch ist und deshalb auch kein Experiment zwischen diesen beiden Theorien entscheiden kann. Mit dem Thema *Zeit* in der Quantenmechanik schneiden wir einen Problemkreis an, der möglicherweise zu abweichenden Vorhersagen in experimentell überprüfbaren Situationen führen könnte. Man sollte also genauer formulieren, dass die Ergebnisse der Bohmschen Mechanik immer dann mit denen der Quantenmechanik übereinstimmen, wenn diese überhaupt eine *eindeutige* Vorhersage trifft. Dies ist im Falle der Tunnelzeit nicht der Fall. Ein möglicher Test der Bohmschen Mechanik in diesem Zusammenhang wird etwa in [117] diskutiert. Dem aktuellen Stand der experimentellen Überprüfung widmen wir uns im letzten Abschnitt dieses Unterkapitels.

Tunnelzeit in der Quantenmechanik

Zum Problem, die Tunnelzeit oder andere Zeitskalen innerhalb der Quantenmechanik anzugeben, bemerkt Schulman [119]:

> It is ironic that experimentally time is the most accurately measured physical quantity, while in quantum mechanics one must struggle to provide a definition of so practical a concept as time-of-arrival.

Der naive Ansatz, die Tunnelzeit als Verhältnis der Barrierenlänge zur »Geschwindigkeit« $\sqrt{2E/m}$ zu definieren, scheitert daran, dass der Radikand negativ ist und die Geschwindigkeit somit imaginär wäre. Innerhalb der Quantenmechanik müssen also andere Lösungswege gesucht werden. Eine vergleichende Darstellung verschiedener Zeitskalen, die innerhalb der Quantenmechanik diesem Prozess zugeordnet werden können, findet sich etwa in [120, 121]. Nach [120] können bei den Definitionen der quantenmechanischen Tunnelzeit im Wesentlichen drei Klassen unterschieden werden:

1. Es können Wellenpakete bei ihrem Durchgang durch die Potentialbarriere verfolgt werden. Bestimmte Merkmale der Wellenfunktion (z. B. das Maximum oder die Front) können zur Berechnung einer *Verzögerungszeit* verwendet werden.

2. Es können »dynamische Pfade« bestimmt werden (etwa in Feynmans Pfadintegral-Methode), um deren mittlere Verweildauer innerhalb der Barriere zu berechnen.

---

[6] In Abschnitt 4.5 hatten wir erwähnt, dass alternative Versionen der Bohmschen Mechanik formuliert werden können, die auf die selben statistischen Vorhersagen führen. In [118] wird gezeigt, dass auch die Ankunftszeitverteilungen dieser Bohm-artigen Theorien voneinander abweichen können. In diesem Sinne hat die Frage nach der Tunnelzeit innerhalb der Bohmschen Mechanik zwar eine klare Bedeutung, aber keine eindeutige Antwort!

3. Andere Verfahren basieren auf der Definition einer »Uhr«, d. h. der Auszeichnung eines Freiheitsgrades des betreffenden Systems zur Zeitmessung während des Tunnelprozesses. Beispielsweise verwendet die sog. »Larmor-Uhr« zu diesem Zweck die Präzession des Teilchenspins in einem äußeren Magnetfeld.

Diese verschiedenen Zeitskalen führen in konkreten Anwendungen, d. h. numerischen Analysen verschiedener Wellenpakete und Potentialformen, auf teilweise stark abweichende Resultate (siehe [120, 121, 122, 123] und die Referenzen darin). Zahlreiche quantenmechanische Ansätze für die Tunnelzeit führen zudem auf den sog. »Hartman-Effekt«[124], d. h. die Unabhängigkeit der Tunnelzeit von der Barrierenlänge d im Limes großer d. In diesem Fall kann die Tunnelgeschwindigkeit also beliebig groß werden und im Besonderen die Lichtgeschwindigkeit überschreiten.

Tunnelzeit in der Bohmschen Mechanik

Aus dem Blickwinkel der Bohmschen Mechanik ist die Schwierigkeit der Quantenmechanik an dieser Stelle eine einfache Folge der Tatsache, dass bei der Beschreibung des Systems eine künstliche Beschränkung auf die Wellenfunktion alleine erfolgt. Diese enthält nicht genug Informationen, um dem Konzept der Tunnelzeit eine eindeutige Bedeutung (und sei es auch nur im Mittel) zu geben. Innerhalb der Bohmschen Mechanik wird dem System jedoch zur Beschreibung eine Größe hinzugefügt, der sinnvoll eine Zeit (sei es Ankunftszeit, Tunnelzeit etc.) zugeordnet werden kann. Diese Größe ist natürlich der Teilchenort $Q = Q(Q_0, t)$, der als Lösung der Bewegungsgleichung[7]

$$\frac{dQ}{dt} = v(t) = \frac{1}{m}\frac{dS}{dx}$$

gegeben ist. Dabei ist S die Phase der Wellenfunktion in der Polardarstellung $\psi = Re^{\frac{i}{\hbar}S}$. Im Falle einer zeitunabhängigen Geschwindigkeit ist die Zeit, die ein Teilchen mit Geschwindigkeit v im Intervall $[x_a, x_b]$ verbringt, einfach durch folgenden Ausdruck gegeben:

$$\begin{aligned} t_{ab} &= \frac{x_b}{v} - \frac{x_a}{v} \\ &= (t_b - t_a) \end{aligned}$$

Im Fall einer zeitabhängigen Geschwindigkeit kann die Funktion $Q = Q(Q_0, t)$ zumindestens prinzipiell nach der Zeit aufgelöst werden. Man wird jedoch im Allgemeinen finden, dass der Ausdruck $Q = Q(Q_0, t)$ nicht geschlossen invertierbar ist bzw. inhaltlich: Das Teilchen kann im Allgemeinen natürlich zu verschiedenen Zeiten am selben Ort sein. Fragt man also nach der Zeit, die im Intervall $[x_a, x_b]$ verbracht wird, findet man mehrere Zeitpunkte $t_i(Q_0, x_a, x_b)$, $i = 1, \ldots, N$, für

---

[7] Wir beschränken uns der Einfachheit halber auf den eindimensionalen Fall.

die der Ort entweder x_a oder x_b ist. Die gesamte Zeit im entsprechenden Intervall ist deshalb durch die folgende Summe gegeben:

$$t(Q_0, x_a, x_b) = (t_2 - t_1) + (t_4 - t_3) + \cdots + (t_N - t_{N-1}) \tag{7.14}$$

Da die Anfangsorte Q_0 prinzipiell nicht bekannt sind, kann Beziehung 7.14 natürlich nicht unmittelbar berechnet werden. Stattdessen wird man nach einer Zeitverteilung fragen, die aus der Verteilung der Anfangsorte gemäß der Quantengleichgewichtshypothese folgt. Dazu muss man diese Zeiten mit der Wahrscheinlichkeit ihres Auftretens $|\psi_0(Q_0)|^2$ gewichten und über die betreffenden Anfangsorte integrieren [5]:

$$\langle t_{ab} \rangle = \int t(Q_0, x_a, x_b) \cdot |\psi_0(Q_0)|^2 dQ_0 \tag{7.15}$$

Dabei erstreckt sich der Integrationsbereich über die Anfangsorte, deren Trajektorien zu den gewünschten Ereignissen führen. Im Falle des Tunnelprozesses kann man entweder nach der totalen Verweildauer (»dwell time«) innerhalb der Barriere fragen oder lediglich die Trajektorien betrachten, bei denen tatsächlich eine Transmission auftritt[8].

Die so gewonnenen Zeitskalen zeigen ein sinnvolles Verhalten bei Variation der Länge und Höhe (d.h. Energie) der Potentialbarriere. Detaillierte numerische Simulationen dazu finden sich in [122]. Etwa ergibt sich bei einer Potentialbarriere von $5 \cdot 10^{-10}$ m Länge und 10 eV Höhe für die Tunnelzeit von Teilchen mit einer Energie von 5 eV ca. 10^{-15} s. Dies entspricht einer Tunnelgeschwindigkeit von $5 \cdot 10^5$ m/s. Vor allem findet man, dass die Teilchen *innerhalb* der Tunnelbarriere keine höhere Geschwindigkeit als *außerhalb* haben. Qualitativ kann dies bereits aus der Abbildung 7.8 abgelesen werden, die Bohmsche Trajektorien beim eindimensionalen Tunneleffekt darstellt. In der Ort-Zeit-Darstellung entspricht die inverse Steigung der Bahnen ihrer Geschwindigkeit. Deutlich erkennt man, dass diese innerhalb der Barriere herabgesetzt ist.

Experimentelle Untersuchungen zur Tunnelzeit

In jüngster Zeit ist das Interesse am Tunnelzeit-Problem durch neue experimentelle Ergebnisse wieder gewachsen. Die meisten dieser Untersuchungen verwenden jedoch elektromagnetische Strahlung (Mikrowellen oder Infrarot-Signale). Deshalb werden die entsprechenden Experimente auch »photonisches Tunneln« genannt. Das *Analogon* zum Tunneleffekt tritt bei sog. evaneszenten Moden auf, die z.B. in einem unterdimensionierten Wellenleiter entstehen. Das elektrische Feld E ist bei ihnen durch eine imaginäre Wellenzahl $\kappa = ik$ charakterisiert (siehe etwa G. Nimtz in [130]):

$$E(x) = E_0 e^{i\omega t - \kappa x}$$

---

[8] Man beachte, dass einige Teilchen in die Barriere eintreten und dennoch reflektiert werden. Siehe dazu auch die Abbildung 7.8.

7.5 Der Tunneleffekt

Die Ausbreitung dieser Moden in einem Hohlleiter mit Abschneideparameter k_c wird durch die Helmholtz-Gleichung beschrieben:

$$\frac{\mathrm{d}^2 E}{\mathrm{d}x^2} + (k^2 - k_c^2) = 0 \tag{7.16}$$

Man erkennt die formale Analogie zur stationären Schrödingergleichung eines Zustandes mit Energie W:

$$\frac{\mathrm{d}^2 \psi}{\mathrm{d}x^2} + \frac{2m}{\hbar^2}(W - U) = 0 \tag{7.17}$$

Der Term $(k^2 - k_c^2)$ aus Gleichung 7.16 entspricht also der (negativen) Energie in der Schrödingergleichung für einen Tunnelprozess.

Bei der Messung der Ausbreitung evaneszenter Moden behaupten Arbeitsgruppen in Köln [125], Berkeley [126], Florenz [127] und Wien [128], den Nachweis von Gruppen- und Signalgeschwindigkeiten erbracht zu haben, die höher als die Ausbreitungsgeschwindigkeit im Vakuum – in diesem Fall also der Lichtgeschwindigkeit – sind. Diese Ergebnisse werden kontrovers diskutiert, wobei zu den strittigen Fragen unter anderem die genaue Signal-Definition gehört. Es hat jedoch den Anschein, dass dieses interessante Phänomen innerhalb der klassischen Elektrodynamik verstanden werden kann. Natürlich drängt sich die Frage auf, ob mit diesen Tunnelsignalen das Kausalitätsprinzip verletzt werden kann (siehe dazu auch Appendix C). Im Falle des Tunnelns evaneszenter Moden ist eine solche Verletzung in jedem Fall ausgeschlossen. Bei ihnen wird das Kausalitätsprinzip dadurch geschützt, dass die Signale keine Punkte in der Raum-Zeit sind, sondern eine zeitliche Ausdehnung besitzen [129]. Eine ausführliche Darstellung der gesamten Debatte um superluminares Tunneln findet sich in [130]. In [131] wird darüberhinaus bezweifelt, dass es sich beim photonischen Tunneln überhaupt um ein Transportphänomen handelt. Winful weist darauf hin, das evaneszente Moden stehende Wellen beschreiben:

> Standing waves do not go anywhere: they stand and wave.[131]

Er deutet den Hartman-Effekt stattdessen als ein Sättigungsphänomen bei der Energiespeicherung innerhalb der Barriere.

Eine Tunnelgeschwindigkeit, die größer als die Geschwindigkeit außerhalb der Barriere ist, wäre in der Tat im Widerspruch zu den Vorhersagen der Bohmschen Mechanik! Da die betreffenden Experimente aber die Ausbreitung elektromagnetischer Wellen betrachten, ist eine unmittelbare Übertragung der Ergebnisse auf die nichtrelativistische Quantenmechanik bzw. Bohmsche Mechanik umstritten [117]. Wie erwähnt handelt es sich bei evaneszenten Moden lediglich um ein *Analogon* zum quantenmechanischen Tunneleffekt. Die Untersuchung von Elektronen, also die Betrachtung eines Systems, das durch die nichtrelativistische Quantenmechanik tatsächlich beschrieben wird, ist dadurch erschwert, dass deren elektrische Ladung zusätzliche Wechselwirkungen bewirkt. Aus diesem Grund existieren dazu noch keine eindeutigen und modellunabhängigen Ergebnisse. In [132] wird z. B. das Tunneln von Elektronen in einem Feldemissionsmikroskop untersucht. Diese Gruppe misst die Verteilung von Elektronen, die sich von der Sonde des Feldemissionsmikroskops zum Nachweisschirm bewegen. Mit Hilfe eines semiklassisch hergeleiteten Zusammenhangs [133] zwischen Tunnelzeit und Transversalenergieverteilung wird daraus eine Tunnelzeit abgeleitet, die in der Größenordnung von einigen Femtosekunden liegt. Als charakteristische Größenordnung für die Tunnelstrecke erscheinen einige 10^{-10} m realistisch, was auf eine Tunnelgeschwindigkeit von $\approx 10^5$ m/s führt, also deutlich unterhalb der Lichtgeschwindigkeit. Durch die Annahmen, die aus der semiklassischen Näherung in [133] eingehen, handelt es sich bei dieser Untersuchung jedoch um keinen direkten Test der Vorhersagen der Bohmschen Mechanik.

7.6 Schrödingers Katze

Im Jahre 1935 bereicherte Erwin Schrödinger [16] die Diskussion um die konzeptionellen Schwierigkeiten der Quantenmechanik um ein besonders bildhaftes Beispiel. Die Gedankenexperimente Bohrs und Einsteins leicht ironisierend, schlug er folgendes »burleske« Experiment vor: Ein instabiles Atom wird in einem Geigerzählrohr plaziert. Dieses befindet sich zusammen mit einer Katze in einer verschließbaren Kiste. Der Zerfall des Atoms löst vermittels des Zählrohres einen Mechanismus aus, der eine giftige Substanz in dem Behältnis freisetzt. Dessen Wirkung auf die Katze ist tödlich! Dies ist die Versuchsanordnung. Nun wird die Kiste verschlossen und die Halbwertszeit τ des instabilen Isotops abgewartet. Im Sinne der Quantenmechanik liegt in dem verschlossenen System nun eine Überlagerung der Zustände »zerfallenes« und »nichtzerfallenes Isotop« vor. Mittels des von ihm skizzierten Mechanismus übersetzt sich dies jedoch in einen Überlagerungszustand makroskopisch verschiedener Objekte, nämlich der toten bzw. lebendigen Katze. Schrödinger wirft damit die Frage auf: Wird der »tatsächliche« Zustand der Katze also erst in dem Augenblick aktualisiert, indem durch Öffnen der Kiste der Experimentator Gewissheit über den Ausgang gewinnt? Allgemeiner ist dies das Problem, welchen Status Überlagerungszustände in der Quantenmechanik besitzen. Damit spricht Schrödinger im Kern das Messproblem der Quantenmechanik an, dessen Details bereits an anderer Stelle genauer behandelt wurden. Wir wiederholen Teile dieser Diskussion hier, da Schrödingers Katze in der einschlägigen Literatur ebenfalls besondere Aufmerksamkeit geschenkt wird.

7.6.1 Lösungsversuche

Wie geht nun die übliche Interpretation mit dem von Schrödinger aufgeworfenen Problem um? Schrödingers Katze kann zum Anlass genommen werden, nach der Anwendbarkeit der Quantenmechanik auf offene Systeme und irreversible Prozesse zu fragen (siehe etwa H. Primas in [134]). Diesen Problemkreis wollen

7.6 Schrödingers Katze

wir an dieser Stelle jedoch nicht anschneiden. Eine (subjektive) Auswahl von Lösungsmöglichkeiten sieht etwa so aus:

Die Katze ist ein Messapparat
Hier wird die Katze als »klassisch« zu beschreibendes Messgerät aufgefasst bzw. ebensogut das Geigerzählrohr, das den Zerfall registriert. Diese Lösung des Katzenproblems ist jedoch nur eine scheinbare! Sie verwendet die Tatsache, dass zwischen Quantenobjekt und klassisch zu beschreibendem Messapparat eine unscharfe Trennung existiert. Da die Existenz eines Überlagerungszustandes makroskopisch verschiedener Objekte irreal ist, wird die Trennung also zwischen dem »echten« Quantenobjekt »Isotop« und dem »klassischen« Objekt »Katze« angenommen. Unklar bleibt, ab welchem Komplexitätsgrad die quantenmechanische Beschreibung einsetzt und wie dieser qualitative Übergang inhaltlich verstanden werden kann. Für diese und ähnliche Varianten, Grundlagenprobleme der Quantenmechanik nicht *prinzipiell*, sondern lediglich *praktisch* zu lösen, hat Bell den Ausdruck FAPP (»for all practical purposes«[17]) geprägt.

Die Wellenfunktion ist nicht real
Das Spezifische des Schrödingerschen Gedankenexperimentes liegt in der irrealen Überlagerung von makroskopisch verschiedenen Zuständen. Spricht man der Wellenfunktion nun jede »reale« Bedeutung ab, verliert die Situation ihren Schrecken. Bei Weizsäcker [31] lesen wir z. B., dass die Wellenfunktion nur unsere *Information* über den möglichen Ausgang eines Experimentes enthält. Dem Kollaps der Wellenfunktion entspricht demnach unser ebenfalls sprunghafter Informationsgewinn nach Durchführung einer Messung. Diesem Kollaps entspricht jedoch kein objektiver physikalischer Prozess, der etwa den Tod der Katze bewirkt. Diese Sichtweise setzt sich dem nahe liegenden Vorwurf aus, dass die Quantenmechanik keine objektive Naturbeschreibung leistet.

Schrödingers Katze in der Ensemble-Interpretation
Wir haben in Abschnitt 3 begründet, dass eine elegante Lösung des Messproblems *innerhalb* der Quantenmechanik in einer Ensemble-Interpretation liegt. Dann bedeutet die Superposition von toter und lebendiger Katze mit Wahrscheinlichkeiten $|c_i|^2 = 1/2$ nichts anderes, als dass bei häufiger Wiederholung des Experimentes jeder der beiden Ausgänge mit relativer Häufigkeit $1/2$ angetroffen wird. Eine *Anwendbarkeit* der Quantenmechanik auf einzelne Objekte (seien es Isotope, Geigerzählrohre oder Katzen) ist in dieser Lesart nicht möglich, und somit behauptet diese Deutung auch nicht die Existenz der Katze in einem irrealen Überlagerungszustand.

Man erkennt sehr deutlich, inwiefern die Ensemble-Interpretation tatsächlich »minimal« ist. Über das Schicksal individueller Katzen wird in dieser Lesart keine Aussage getroffen. Das Problem wird im strengen Sinne nicht »gelöst«, sondern aus dem Anwendungsbereich der Theorie verwiesen.

7.6.2 Schrödingers Katze in der Bohmschen Mechanik

Die Bohmsche Position im Umgang mit Schrödingers Katze ist offensichtlich sehr einfach. In gewissem Sinne ist die Bohmsche Mechanik entworfen worden, um die paradoxe Situation, auf die Schrödinger hingewiesen hat, aufzulösen. Die räumlichen Anfangsbedingungen der Anordnung legen hier (zusammen mit der Wellenfunktion) die Zeitentwicklung vollkommen fest, und so ist auch das Schicksal jeder individuellen Katze zu jedem Zeitpunkt vollkommen festgelegt. Bestimmte Anfangsbedingungen führen auf ihren Tod nach Ablauf der Halbwertszeit und andere nicht. Da diese nach der Quantengleichgewichtshypothese $|\psi|^2$-verteilten Anfangsbedingungen uns jedoch nicht bekannt sind, können wir erst durch einen Blick in die Kiste Gewissheit erlangen. Den Tod der Katze oder irgendein anderes Ereignis lösen wir dabei aber nicht aus.

Auch hier erkennt man beispielhaft, was Bohmsche Mechanik leistet und welche Grenzen sie hat. Sie gestattet eine *prinzipielle* Beschreibung des individuellen Vorganges – ohne jedoch im deskriptiven Gehalt den Rahmen der Quantenmechanik zu erweitern. Wie die klassische statistische Mechanik, trifft sie nur Wahrscheinlichkeitsaussagen.

7.7 Mehrteilchensysteme

In Kapitel 6 wurde hervorgehoben, dass die *Nichtlokalität* ein wichtiges Merkmal der Bohmschen Mechanik ist. Formal ausgedrückt folgt diese aus der Definition der Wellenfunktion auf dem *Konfigurationsraum* des Systems. In diesem Raum trägt jeder räumliche Freiheitsgrad eine Dimension bei, sodass die Wellenfunktion eines N-Teilchen-Systems also auf einem $3N$-dimensionalen Raum definiert ist. Der Umstand, dass Objekte im (dreidimensionalen) Anschauungsraum weit voneinander entfernt sind, hat also in der mathematischen Struktur der Quantenmechanik nur eine mittelbare Bedeutung. Dieses Merkmal wird natürlich erst bei Mehrteilchensystemen manifest, da im Einteilchen-Fall Orts- und Konfigurationsraum zusammenfallen.

In der Bohmschen Mechanik sorgt die Wellenfunktion dafür, dass die Bahnen jedes Teilchens prinzipiell von den Positionen aller anderen Teilchen des Systems abhängen. Diesen Sachverhalt wollen wir im Folgenden genauer untersuchen. Wir betrachten ein Mehrteilchensystem, das durch die Wellenfunktion $\psi(x_1, x_2, \ldots, x_n, t)$ sowie die Teilchentrajektorien $Q_1(t), Q_2(t), \ldots, Q_n(t)$ beschrieben wird.

Die Wellenfunktion gewinnen wir aus der Lösung der Schrödingergleichung:

$$i\hbar \frac{\partial \psi}{\partial t} = \left[\sum_{i=1}^{n} \frac{-\hbar^2}{2m_i} \nabla_i^2 + V(x_1, \ldots, x_n, t) \right] \psi \qquad (7.18)$$

Dabei bezeichnet m_i die Masse des i-ten Teilchens. Die Lösung ist eindeutig festgelegt, sobald die Wellenfunktion zu einem Zeitpunkt spezifiziert ist.

7.7 Mehrteilchensysteme

Die Bewegungsgleichungen für die Teilchen lauten nun (siehe Abschnitt 4.3):

$$\frac{dQ_i}{dt} = \frac{\hbar}{m_i}\Im\frac{\nabla_i\psi(Q_1(t),\ldots,Q_n(t),t)}{\psi(Q_1(t),\ldots,Q_n(t),t)} \qquad (7.19)$$

Bringt man die Wellenfunktion in die Darstellung $\psi = Re^{\frac{i}{\hbar}S}$, schreiben sich die Bewegungsgleichungen für die Teilchen:

$$\frac{dQ_i}{dt} = \frac{1}{m_i}\nabla_i S(Q_1(t),\ldots,Q_n(t),t) \qquad (7.20)$$

Die Phase S wird also am Ort aller Teilchen zu einem Zeitpunkt ausgewertet. Mit anderen Worten haben prinzipiell die Orte aller Teilchen instantan Einfluss auf die Bewegung jedes Teilchens.

Im Allgemeinen ist zur Gewinnung von Trajektorien also ein kompliziertes System gekoppelter Differentialgleichungen zu lösen. Eine wichtige qualitative Unterscheidung kann jedoch sofort getroffen werden:

7.7.1 Verschränkte und nichtverschränkte Zustände

Eine wichtige Beobachtung ist, dass relativ leicht ein Kriterium dafür formuliert werden kann, unter welchen Umständen die Differentialgleichungen der Bahnkurven entkoppeln – mit anderen Worten Effekte der Nichtlokalität keine Rolle spielen. Betrachten wir dazu den speziellen Fall einer faktorisierenden Wellenfunktion:

$$\psi(x_1,x_2) = \psi_A(x_1)\cdot\psi_B(x_2) \qquad (7.21)$$

Man sieht unmittelbar, dass die Phase der Wellenfunktion in zwei entsprechende Summanden zerfällt:

$$S(x_1,x_2) = S_A(x_1) + S_B(x_2)$$

Bei der Ableitung fällt dann jeweils ein Summand weg, sodass die Bewegungsgleichungen der Teilchen $Q_1(t)$ und $Q_2(t)$ durch die folgenden Ausdrücke gegeben sind[9]:

$$\begin{aligned}\frac{dQ_1}{dt} &= \frac{1}{m}\nabla_1 S_A(Q_1(t))\\ \frac{dQ_2}{dt} &= \frac{1}{m}\nabla_2 S_B(Q_2(t))\end{aligned}$$

Hier findet die Bewegung also genauso statt, als ob die Teilchen durch die Wellenfunktionen ψ_A bzw. ψ_B alleine beschrieben werden.

Faktorisiert die Wellenfunktion nicht, so spricht man von einem *verschränkten Zustand*. Das Lehrbuchbeispiel für ein verschränktes System ist natürlich ein

---

[9] Die Bedingung 7.21 ist übrigens hinreichend, aber nicht notwendig. Es können Fälle konstruiert werden, in denen die Phasen in Summanden zerfallen, die Amplituden jedoch nicht [5, S. 288]

EPR-Paar. Verschränkte Zustände zwischen Systemteilen in makroskopischer Entfernung zu realisieren ist jedoch von beträchtlichem technischen Aufwand begleitet, da die Wechselwirkung mit der Umgebung die Phasenbeziehung verloren gehen lässt. Man erkennt daran, warum makroskopische Effekte der Nichtlokalität unterdrückt werden.

8 Relativistische und quantenfeldtheoretische Verallgemeinerungen

In vielen Diskussionen über die Bohmsche Mechanik wird darauf verwiesen, dass sie ja ohnehin nur eine Version der nicht-relativistischen Quantenmechanik darstelle. In angeblicher Ermangelung einer relativistischen und quantenfeldtheoretischen Verallgemeinerung der de Broglie-Bohm Theorie lohne die Beschäftigung mit ihr eigentlich gar nicht. Konventionelle Theorien dieses Typs existieren aber offensichtlich – und damit wäre die Entscheidung gegen die de Broglie-Bohm Theorie sinnvoll zu begründen.

Dagegen lässt sich verschiedenes einwenden. Tatsächlich wäre dieses Argument äußerst triftig, wenn die besagten allgemeineren Theorien die konzeptionellen Probleme der nicht-relativistischen Quantenmechanik gelöst oder aufgehoben hätten. Dies ist nicht nur nicht der Fall – tatsächlich besteht das Messproblem auch innerhalb der relativistischen Quantenmechanik oder der Quantenfeldtheorie (QFT) weiter. Auch hier werden lediglich Wahrscheinlichkeitsamplituden berechnet (etwa für Streuprozesse) und die Frage »Wahrscheinlichkeit wofür?« bleibt unbeantwortet[1]. In diesem Sinne bleibt ein Hauptmotiv für die Beschäftigung mit der Bohmschen Mechanik also bestehen. Aber es ist natürlich richtig, dass die Lösung des Messproblems innerhalb dieser Theorien ebenfalls Teil eines »Bohmschen Forschungsprogramms« ist, d.h. dass versucht wird, eine Lösung dieses Problems in der Formulierung einer »Bohm-artigen« Quantenfeldtheorie zu finden. Entgegen eines weit verbreiteten Vorurteils existieren aussichtsreiche Kandidaten für eine solche Theorie bereits. Diese Kandidaten haben also weniger die Funktion, das Ansehen der nicht-relativistischen Theorie gegen die oben erwähnte Kritik zu verteidigen. Vielmehr ist die relativistische Quantenmechanik bzw. Quantenfeldtheorie selber von konzeptionellen Schwierigkeiten geplagt, die eine Modifikation – etwa im Sinne der Bohmschen Mechanik – erforderlich machen.

In der oben erwähnten Kritik an der Bohmschen Mechanik schwingt natürlich die Vermutung mit, dass die de Broglie-Bohm Theorie aus konzeptionellen Gründen keine überzeugende relativistische Verallgemeinerung erlaubt. Vor allem ihr nichtlokaler Charakter scheint im Widerspruch zu den Forderungen der

---

[1] Angesichts einer ebenfalls unitären Dynamik und durch das Auftreten von Superpositionen hat das Messproblem in relativistischen Quantenfeldtheorien auch die selben konzeptionellen Ursachen (siehe etwa [138, S. 169] oder [139]).

Relativitätstheorie zu stehen. Allerdings sollte nicht übersehen werden, dass die Nichtlokalität (etwa in der Verletzung der Bellschen Ungleichung) ebenfalls eine Eigenschaft der üblichen Quantentheorie ist.

Eine konstruktive Wendung kann der ganzen Diskussion am einfachsten dadurch gegeben werden, dass man die existierenden Modelle einer relativistischen und quantenfeldtheoretischen Verallgemeinerung der de Broglie-Bohm Theorie untersucht. Einen skizzenhaften Überblick über die verschiedenen Ansätze soll dieses Kapitel geben. Zunächst müssen wir uns jedoch der Frage zuwenden, was unter einer »Bohm-artigen« Theorie überhaupt zu verstehen ist.

8.1 Was ist eine »Bohm-artige« Theorie

Sucht man eine »Bohm-artige« Version der relativistischen QM oder QFT sollte man offensichtlich zunächst klären, was darunter überhaupt zu verstehen ist. Auf den ersten Blick bedeutet »Bohm-artig« für die meisten wohl, (i) Teilchentrajektorien zu besitzen, und (ii) deterministisch zu sein. Vielleicht ist es tatsächlich möglich, diese Bedingungen ganz oder teilweise in einer Quantenfeldtheorie zu erfüllen (siehe etwa die sog. »Bell-type«-Modelle weiter unten). Bei genauerer Betrachtung erweist sich dieser Begriff von »Bohm-artig« allerdings als zu eng. Die Geschichte der Physik ist voll von Beispielen, in denen verallgemeinerte Theorien zentrale Eigenschaften ihrer »Vorgänger« nicht besitzen. Die Quantentheorie selber ist ein prominentes Beispiel dafür – und Quantenfeldtheorien ebenso. Warum sollte man nun eine bohmsche Version der Quantenfeldtheorie auf diese Eigenschaften der nicht-relativistischen Version festlegen? Sinnvoller erscheint hingegen die Forderung, dass eine bohmsche Version der QFT die nicht-relativistische Bohmsche Mechanik als Grenzfall umfasst bzw. enthält[2]. Auf diesen Punkt werden wir später zurückkommen. Die existierenden Verallgemeinerungen der de Broglie-Bohm Theorie konzentrieren sich nämlich auf noch einen anderen Aspekt. Für sie bedeutet »Bohm-artig« im Wesentlichen, dass die Theorie eine »klare Ontologie« besitzt, d.h. aufklärt, wovon die Wahrscheinlichkeitsaussagen der üblichen Quantentheorien eigentlich handeln. Dies sollte nicht als abstrakte philosophische Forderung missverstanden werden, sondern zielt unmittelbar auf die Lösbarkeit des Messproblems. Um dies zu erreichen, werden Elemente eingeführt, die nach Bell »beables« genannt werden – im Gegensatz zu den »observables« der üblichen Theorie[3].

> In particular we will exclude the notion of »observable« in favor of that of »beable«. The beables of the theory are those elements which might correspond to elements of reality, to things which exist. [...] Indeed observation and observers must be made out of beables. [140, S. 160]

---

[2] Nicht eigens hervorgehoben werden muss die Forderung, dass eine solche Theorie die Vorhersagen der üblichen QFT reproduziert – zumindest dort, wo sie experimentell gut bestätigt sind.

[3] »Beable« ist also nur ein anderer Ausdruck für »zusätzlche Variable« oder die unglückliche Bezeichnung »verborgene Variable«.

In der nicht-relativistischen Theorie sind diese »beables« die Teilchen, die sich auf kontinuierlichen Trajektorien deterministisch bewegen. Für verallgemeinerte Versionen der de Broglie-Bohm Theorie sind auch andere »beables« vorgeschlagen worden, etwa sog. »Feld-*beables*« und ebenso existieren Modelle mit stochastischer Dynamik.

Das entscheidende Merkmal einer »beable« besteht darin, dass jeder Zustand zu jedem Zeitpunkt einen definierten Wert dieser Größe besitzt – und nicht nur nach einer Messung. Zusätzlich wird von einer »beable« gefordert, dass sie in der Lage ist, auch die Zustände von Messgeräten und Ähnlichem festzulegen. Erst dadurch verliert der Akt der Messung seine Sonderstellung und die Theorien qualifizieren sich als »Bohm-artig«.

Zum Abschluss noch eine Bemerkung zur verwendeten Sprech- und Schreibweise. Der Ausdruck *beable* ist offensichtlich schwer zu übersetzen und verdankt seine Entstehung zusätzlich dem Wortspiel mit dem Begriff *observable*. Aus diesem Grund verwenden wir im Folgenden den englischen Ausdruck. Im Deutschen könnte man die Eigenschaft der entsprechenden Größe »Seinsfähigkeit« nennen – dies ist sprachlich sicherlich wenig attraktiv und rückt das Konzept in eine ganz unnötige Nähe zur Metaphysik. In Wirklichkeit denkt man über *beables* am besten ganz einfach so: Sie sind die Antwort auf die Frage »wovon handelt die Theorie?«

8.2 Die Bohm-Dirac Theorie

Bereits 1953 hat David Bohm eine Verallgemeinerung seines Ansatzes auf die relativistische Dirac-Gleichung angegeben [141]. Sein Vorgehen war analog zum nicht-relativistischen Fall. Lösungen der Dirac-Gleichung erfüllen eine Kontinuitätsgleichung mit einem zeitartigen Strom. Der räumliche Anteil dieses Stroms hat in der üblichen Bezeichnungsweise die Form $\psi^\dagger \alpha_k \psi$. Zusätzlich ist die zugehörige Dichte $\rho = \psi^\dagger \psi$ positiv definit – sie stellt das Analogon zur Quantengleichgewichtsverteilung dar. Dividiert man diese beiden Größen, gewinnt man eine relativistische Variante der Führungsgleichung:

$$\frac{dQ_k}{dt} = \frac{\psi^\dagger \alpha_k \psi}{\psi^\dagger \psi} \tag{8.1}$$

$$\text{mit:} \quad \alpha_k^i = 1 \otimes \cdots \otimes \alpha^i \otimes \cdots \otimes 1 \quad \text{und:} \quad \alpha^i = \begin{pmatrix} 0 & \sigma_i \\ \sigma_i & 0 \end{pmatrix}$$

Auch hier vervollständigt also die Teilchenkonfiguration die physikalische Beschreibung, d.h. die »beables« sind ebenso wie im nicht-relativistischen Fall Teilchen.

Im Mehrteilchenfall ist diese Formulierung jedoch nicht Lorentzkovariant, da eine gemeinsame Zeit für alle Teilchen verwendet wird. Ausgezeichnet wird das Bezugssystem, in dem $\rho = \psi^\dagger \psi$ gilt. Diese nicht-Kovarianz ist jedoch nur auf dem Niveau individueller Teilchen relevant, da alle statistischen Vorhersagen reproduziert werden können. Erstens gelten diese nämlich in dem ausgezeichneten System und zweitens transformieren sich die statistischen Vorhersagen (im Gegensatz zu den individuellen Trajektorien) korrekt. Mit anderen Worten kann das ausgezeichnete Bezugssystem *nicht* experimentell identifiziert werden.

Um in dieser Theorie Antiteilchen zu beschreiben, kann z. B. das Konzept des Dirac-Sees angewendet werden, d.h. die Einführung von Teilchen-*beables* für jeden Zustand mit negativer Energie [6, S. 276].

Andere bohmsche Modelle der Dirac Theorie verwenden eine sog. *multi-time wavefunction* $\psi(q_1, t_1, \cdots, q_N, t_N)$, d.h. führen für jedes Teilchen eine eigene Zeitvariable ein. Hier wird man jedoch auf ein System gekoppelter Differentialgleichungen geführt, das unerfreuliche Lösungseigenschaften besitzt. In [142] findet sich eine genauere Diskussion dieser Ansätze sowie Hinweise auf die weiterführende Literatur.

Während man also nicht davon reden kann, dass die »Bohm-artige« Dirac Theorie vor unüberwindlichen Hindernissen steht, ist es allgemein anerkannt, dass für viele relevante Anwendungen (etwa in der Teilchenphysik) die Quantenfeldtheorien den geeigneten Theorierahmen darstellen. Wir wenden uns nun also den »Bohm-artigen« Varianten dieser Theorien zu.

8.3 Quantenfeldtheoretische Verallgemeinerungen

Es existieren verschiedene konkurrierende Modelle für eine bohmsche Verallgemeinerung der Quantenfeldtheorie. In einigen zeigt sich, dass die einheitliche Behandlung von Bosonen und Fermionen nicht möglich ist. Die Unterschiede zwischen den Modellen bestehen erstens in der Wahl der *beable* (grob: Teilchen oder Feld) und zweitens in der Antwort auf die Frage, welche Objekte überhaupt einen »*beable*-Status« bekommen sollen oder müssen. Die existierenden Modelle fallen dabei im Wesentlichen in die folgenden drei Klassen:

8.3.1 Feld-beables für Bosonen und Teilchen-beables für Fermionen

Bereits in der Arbeit von 1952 [3] diskutiert Bohm eine Verallgemeinerung seiner Theorie auf das elektromagnetische Feld. Hier wählte er jedoch keine *Teilchen*, sondern *Felder* als »zusätzliche Variablen«. Auch hier braucht es jedoch neben den Feldern ein zusätzliches Element, das ihre Zeitabhängigkeit festlegt. Dazu definiert er ein (Wellen-)Funktional, dass für die Feld-*beables* diese Funktion übernimmt – analog zur Führungsgleichung im nicht-relativistischen Fall. Dieser Ansatz konnte in der Zwischenzeit auf eine Reihe von bosonischen Feldern erweitert werden.

Als konkretes Beispiel betrachten wir das reelle Klein-Gordon Feld $\phi(\mathbf{x})$. Es wird duch das Funktional $\Psi(\phi(\mathbf{x}), t)$ »geleitet«, das die folgende Schrödingergleichung erfüllt:

$$i\frac{\partial \Psi}{\partial t} = \int d^3x \left(-\frac{\delta^2}{\delta \phi^2} + (\nabla \phi)^2 \right) \Psi. \tag{8.2}$$

8.3 Quantenfeldtheoretische Verallgemeinerungen

Die Führungsgleichung für die Feld-*beables* $\phi(\mathbf{x},t)$ lautet:

$$\frac{\partial \phi}{\partial t} = \frac{\delta S}{\delta \phi}, \tag{8.3}$$

mit S der Phase des Wellenfunktionals Ψ.

In diesem Modell entspricht dem Konfigurationsraum also der unendlich dimensionale Raum der Feldkonfigurationen. Da hier kein Lebesguemaß definiert werden kann, ist eine rigorose Definition eines Analogons zur Quantengleichgewichtsbedingung jedoch problematisch. Diese Kritik wird in [142] genauer ausgeführt.

Für Fermionen argumentiert Bohm (etwa in [6, S. 276]), dass Feld-*beables* nicht eingeführt werden können. Hier schlagen Bohm und Hiley – wie oben angedeutet – die Teilchen-*beable* der Bohm-Dirac Theorie vor[4].

In diesem Bild sind Fermionen also *tatsächlich* Teilchen, während Bosonen einen *tatsächlichen* Feld- bzw. Wellencharakter haben.

8.3.2 Feld-beables für Bosonen und keinen beable-Status für Fermionen

Einen sehr originellen Vorschlag haben Ward Struyve und Hans Westman in die Diskussion eingebracht. Angeregt wurden sie zum Einen dadurch, dass die Beschreibung von Fermionen durch Feld-*beables* bisher nicht gelungen ist. Zusätzlich wurden sie von der Beobachtung inspiriert, dass eine Eigenschaft wie der »Spin« in der bohmschen Theorie beschrieben werden kann, ohne »beable-Status« zu haben (das Stichwort lautet hier »Kontextualität«).

Struyve und Westman bemerken zunächst [144], dass Fermionen grundsätzlich eine Eichkopplung an bosonische Felder besitzen. Aus diesem Grund sei es vollkommen ausreichend, nur Bosonen einen »beable-Status« zu geben. Technisch ist ihre Arbeit analog zu Bohms Vorschlag im vorangegangenen Kapitel. Sie wählen eine spezifische Darstellung für den bosonischen Feldoperator und bilden die Spur über die fermionischen Freiheitsgrade[5]. In [144] wird dies am Beispiel der Quantenelektrodynamik (QED) durchgeführt. Ihr Vorgehen kann jedoch in natürlicher Weise auf alle Eichtheorien (etwa das gesamte Standardmodell der Teilchenphysik) angewendet werden.

Struyve und Westman diskutieren detailliert, wie in ihrem Modell das Messproblem gelöst wird, d.h. die Beschreibung eines »effektiven Kollaps« gelingt, da das Wellenfunktional in eine Superposition von nichtüberlagernden Anteilen evolviert. Besonders bemerkenswert ist allerdings, dass sie Fermionen keinen »beable-Status« zubilligen. Den Zusammenhang dieses Umstandes mit dem Messproblem beschreiben sie wie folgt:

---

[4] In der Literatur werden zwar Modelle für Fermionen mit Feld-*beables* diskutiert (etwa von Valentini und Holland), diese sind jedoch nach einer Untersuchung von Ward Struyve inkorrekt [143].

[5] Für Interessierte an technischen Details: Struyve und Westman wählen als »beables« den transversalen Anteil des Vektorpotentials.

> [...] if we continue our quantum description of the experiment, the direction of the macroscopic needle will get correlated with the radiation that is scattered off (or thermally emitted from, etc.) the needle. Because these states of radiation will be macroscopically distinct they will be non-overlapping in the configuration space of fields and hence the outcome of the experiment will be recorded in the field beables of the radiation.[144, S. 18]

Obwohl also ein Messinstrument nach herkömmlicher Vorstellung aus Fermionen »besteht«, kann das Struyve-Westman Modell sehr wohl den eindeutigen Ausgang einer Messung abbilden, ohne Fermionen einen »beable-Status« zu geben.

8.3.3 Fermionanzahl als »beable«

Eine andere Klasse von »Bohm-artigen« Quantenfeldtheorien geht auf John Bell zurück. In gewisser Hinsicht ist dieser Ansatz komplementär zu dem zuvor diskutierten Modell von Struyve und Westman. Die Grundidee hat Bell bereits 1984 veröffentlicht [140]. Dort gibt er für beliebige Hamiltonsche Quantenfeldtheorien eine Formulierung, die die *Fermionanzahl* als »beable« verwendet, d.h. diese hat zu jedem Zeitpunkt einen definierten Wert. Seine Wahl begründet er wie folgt:

> The distribution of fermion number in the world certainly includes the positions of instruments, instrument pointers, ink on paper, ... and much much more. (p. 161)

Dieser Größe *beable*-Status zu geben stellt also sicher, dass eine Bedingung für die Lösung des Messproblems erfüllt ist. Offensichtlich ist diese Wahl aber nicht eindeutig. Wir geben nun eine kleine Skizze der Arbeit von Bell. Es ist ein diskretes Modell auf einem räumlichen Gitter, dessen Punkte mit $l = 1, 2, \cdots, L$ durchnummeriert werden. Die Zeit ist kontinuierlich. Für jeden Vertex auf dem Gitter ist ein Fermionanzahloperator definiert. Seine Eigenwerte sind $F(l) = 0, 1, 2, \cdots, 4N$ (mit N der Anzahl der Diracfelder). Die Konfiguration der Fermionanzahl auf dem Gitter zu jedem Zeitpunkt ist damit durch eine Liste $n(t) = (F(1), \cdots, F(L))$ gegeben. In diesem Modell wird also der vollständige Zustand des Systems durch das Paar $(|\psi\rangle, n)$ (mit $|\psi\rangle$ dem Zustandsvektor) beschrieben – analog zur Situation in der nicht-relativistischen de Broglie-Bohm Theorie mit dem Paar (ψ, Q).

Nun braucht es aber offensichtlich noch eine Vorschrift, die die Dynamik dieses Zustandes beschreibt. Der Zustandsvektor genügt natürlich der konventionellen Evolutionsgleichung:

$$\frac{d}{dt}|\psi(t)\rangle = \frac{1}{i}H|\psi(t)\rangle$$

8.3 Quantenfeldtheoretische Verallgemeinerungen

(mit $\hbar = 1$). Aus dieser Gleichung folgt jedoch die folgende Kontinuitätsgleichung:

$$\frac{d}{dt}P_n = \sum_m J_{nm} \qquad (8.4)$$

mit:
$$P_n = \sum_q |\langle n,q|\psi(t)\rangle|^2$$
$$J_{nm} = \sum_{q,p} 2\mathrm{Re}\langle\psi(t)|n,q\rangle\langle n,q|(-iH)|m,p\rangle\langle m,p|\psi(t)\rangle$$

Hier bezeichnen q und p zusätzliche Quantenzahlen, sodass $|p,n\rangle$ eine Basis des zugehörigen Hilbertraums bilden. Die n und m in der Zustandsbeschreibung bezeichnen die Fermionanzahl. P_n ist nun die Wahrscheinlichkeitsverteilung für die Konfiguration der Fermionanzahl n. Diese Größe soll nun aber nicht die Wahrscheinlichkeit ausdrücken, die entsprechende Fermionanzahl zu *messen*, sondern die Wahrscheinlichkeit dafür, dass sich das System in diesem Zustand *befindet*. Es braucht also ein Analogon zur Führungsgleichung, die die Evolution dieser *beable* beschreibt – unabhängig davon, ob sie gemessen wird oder nicht. Bell gibt in [140] eine stochastische Zeitentwicklung an[6]. Er definiert eine »Sprungrate« T_{nm}, d.h. $T_{nm}dt$ gibt die Wahrscheinlichkeit für einen Sprung $m \to n$ im Zeitintervall dt an. Offensichtlich gilt nun die folgende Gleichung:

$$\frac{dP_n}{dt} = \sum_m (T_{nm}P_m - T_{mn}P_n) \qquad (8.5)$$

Diese Gleichung drückt lediglich aus, dass die zeitliche Änderung von P_n durch die Sprünge $m \to n$ gegeben wird – verringert durch die Konfigurationen, die $n \to m$ Sprünge ausführen. Allerdings muss Gleichung 8.5 mit der Bedingung aus Gleichung 8.4 in Einklang stehen, d.h. die stochastische Dynamik muss die Anforderungen der Kontinuitätsgleichung erfüllen. Dies legt des Ansatz $J_{nm} = T_{nm}P_m - T_{mn}P_n$ nahe. Die stochastische Dynamik T_{nm} wird dadurch noch nicht eindeutig festgelegt, aber eine mögliche Wahl lautet:

$$T_{nm} = \begin{cases} J_{nm}/P_m & \text{wenn } J_{nm} > 0 \\ 0 & \text{wenn } J_{nm} \leq 0 \end{cases} \qquad (8.6)$$

Schließlich gibt es noch eine Normierungsbedingung: Die Wahrscheinlichkeit, dass sich die Fermionanzahl *nicht* ändert, ist $1 - \sum_{m \neq n} T_{nm}dt$. Ist nun eine Anfangskonfiguration der Fermionanzahl gegeben, die gemäß $P_n(t_0) = \sum_q |\langle n,q|\psi(t_0)\rangle|^2$ verteilt ist, reproduziert Bells Modell alle Vorhersagen der betreffenden konventionellen Hamiltonschen Quantenfeldtheorie[7].

---

[6] Bell hielt den statistischen Charakter für ein Artefakt der diskreten Raumstruktur seines Modells.

[7] Bell bemerkt, dass dies etwa auch die Vorhersage des Ergebnisses des Michelson-Morley Experiments betrifft – obwohl sein Modell eine feste Zerlegung zwischen Raum und Zeit vornimmt. Die tatsächliche Verletzung der Lorentzkovarianz seines Modells ist also experimentell nicht nachweisbar [140, S. 164].

Der entscheidende Unterschied besteht natürlich darin, dass in diesem Modell die Fermionanzahl jeder Zeit einen definierten Wert hat. Dies legt aber ebenfalls den Zustand von Messinstrumenten, Zeigern etc. fest. Auf diese Weise ist sichergestellt, dass eine Messung keine sprunghafte Zustandsänderung bedeutet.

Das physikalische Bild, das dieses Modell von der Welt entwirft, ist das eines »random-walks« im Konfigurationsraum der Fermionanzahl. Gesteuert wird diese stochastische Evolution durch den Zustandsvektor $|\psi(t)\rangle$. Die Sprünge zwischen der Fermionanzahl entsprechen der Erzeugung und Annihilation von Teilchen oder dem Sprung eines Teilchens zwischen zwei Gitterplätzen.

In [145, 146] wird dieser Ansatz auf eine große Klasse von *Kontinuumstheorien* ausgeweitet. Dürr et al. bezeichnen sie als »Bell-type quantum field theories«. Auch ihr Modell besitzt jedoch eine stochastische Dynamik. Arbeiten von Colin [147] scheinen anzudeuten, dass Bells Modell auch einen deterministischen Kontinuumslimes besitzt. Mathematische Problmeme des Colin-Modells diskutiert Tumulka in [142, S. 15].

8.4 Verallgemeinerungen von Theorien

Die bisher diskutierten Theorien sind »Bohm-artig« im eingangs erläuterten Sinne. Im Gegensatz zur nicht-relativistischen de Broglie-Bohm Theorie verwenden sie teilweise Felder als *beables* oder führen eine stochastische Dynamik ein. Mit der nicht-relativistischen Theorie teilen sie jedoch die Strategie zur Lösung des Messproblems. Statt von »Bohm-artigen« Quantenfeldtheorien könnte man vielleicht genauer von »beable-QFT« sprechen.

Von einer tatsächlichen »Verallgemeinerung« der de Broglie-Bohm Theorie wird man zusätzlich verlangen, dass sie in einem geeigneten Limes die nicht-relativistische Theorie enthält. Der Prototyp einer solchen Grenzwertbeziehung ist sicherlich das Verhältnis zwischen klassischer und relativistischer Mechanik, die im Limes $c \to \infty$ (mit c der Lichtgeschwindigkeit im Vakuum) ineinander übergehen. Idealer Weise würde man also für die allgemeinere Theorie einen Parameter ϵ identifizieren wollen, sodass für $\epsilon \to 0$ der Spezialfall zurückgewonnen wird. Mit diesem intuitiven (wenn auch etwas naiven) Verständnis von »Verallgemeinerung« wollen wir einen kurzen Blick auf die oben erwähnten Theorien werfen.

In [148] zeigt Vink, dass das diskrete und stochastische Bell-Modells im nicht-relativistischen Fall die übliche de Broglie-Bohm Theorie als Kontinuumslimes enthält. Die stochastischen Sprungprozesse nähern sich also bei Wahl des geeigneten Hamiltonians im Kontinuumslimes den Bahnen der nicht-relativistischen Theorie an. Gleichzeitig verschwindet in diesem Grenzwert auch die Streuung der »Sprungorte« – die Theorie wird also deterministisch. Durch die »Teilchenhaftigkeit« des bellschen Modells in der *beable*-Wahl ist die Existenz dieses Limes zusätzlich plausibel.

Ganz anders scheint die Situation im Falle der Modelle mit Feld-*beables*. Betrachten wir etwa das Struyve-Westman-Modell. Hier besitzen Fermionen gar keinen *beable*-Status und treten nur vermittelt durch ihre Eichkopplung an bosonische Felder auf. Wie eine solche Theorie im nicht-relativistischen Grenzfall auf Teilchentrajektorien für Fermionen mit *beable*-Status führen kann, ist schwer einzusehen. Hier deutet sich also ein Argument für die Bevorzugung des bellschen Modells und seiner Weiterentwicklungen an.

Man könnte jedoch einwenden, dass man die nicht-relativistische Theorie in ihrer aktuellen Formulierung nicht sinnvoll zum Maßstab für »Bohm-artige« Quantenfeldtheorien machen kann. Mit einem ähnlichen Argument haben wir schließlich schon zu Beginn dieses Kapitels für die allgemeinere Bedeutung des Begriffs »Bohm-artig« geworben. Im Licht einer »beable-QFT« könnte ebenso eine Modifikation der nicht-relativistischen Theorie und ihrer *beables* sinnvoll erscheinen. Noch schwerer wiegt vielleicht der Einwand, dass das intuitive Konzept einer Grenzwertbeziehung zwischen zwei Theorien dem komplexen Zusammenhang der Theorienverallgemeinerung nicht gerecht wird. Der mathematische Physiker Sir Micheal Berry argumentiert in seinen Arbeiten, dass das Beispiel des Zusammenhangs zwischen klassischer und relativistischer Mechanik untypisch simpel sei und die meisten Grenzwertbeziehungen »singulär« seien:

> [...] this simple state of affairs is an exceptional situation. Usually, limits of physical theories are not analytic: they are singular, and the emergent phenomena associated with reduction are contained in the singularity. ([149, S. 599])

Nach Berry sind z. B. der Zusammenhang zwischen geometrischer und Wellenoptik oder klassischer und Quantenmechanik von diesem Typ. Hier existiert keine Grenzwertbeziehung analog zum Zusammenhang zwischen klassischer Mechanik und spezieller Relativitätstheorie, da der Grenzwert gar nicht existiert! Um eine Einordnung der Ergebnisse von Berry in die Philosophie der Physik bemüht sich unter anderem Batterman in [150]. Tatsächlich sind – entgegen üblicher Lehrbuchmeinung – auch viele Fragen des klassischen Grenzwertes der Quantenmechanik ungeklärt (siehe etwa den glänzenden Überblick in [151]).

Eine genauere Darstellung des Problems der Theorieverallgemeinerung im Zusammenhang mit der de Broglie-Bohm Theorie wird in [152] und den dortigen Literaturhinweisen gegeben. Unsere Bemerkungen hier sollen lediglich deutlich machen, dass der Begriff der Theorieverallgemeinerung sehr viel komplexer ist, als es den ersten Anschein hat.

8.5 Zusammenfassung

Die stereotyp vorgebrachte Behauptung, die de Broglie-Bohm Theorie besitze keine relativistische oder quantenfeldtheoretische Verallgemeinerung, ist offensichtlich nicht korrekt. Einige interessante Ansätze dazu wurden in diesem Kapitel vorgestellt. Etwas verwirrend ist sicherlich die fehlende Eindeutigkeit in der Wahl der sog. *beables*. Hier kann man jedoch hoffen, dass sich durch die weitere

Entwicklung und Untersuchung der betreffenden Modelle ein Kriterium für eine ausgezeichnete Wahl herausstellt.

Die hier vorgestellten Modelle reproduzieren alle Ergebnisse der konventionellen relativistischen Quantenmechanik bzw. Quantenfeldtheorie, sie zeichnen auf dem Niveau der statistischen Vorhersagen und der möglichen experimentellen Überprüfung also *kein* Bezugssystem aus. Auf dem Niveau der individuellen Prozesse (d.h. der *beable*) verletzen sie jedoch die Lorentzinvarianz[8]. Im Kern legt die Quantengleichgewichtsbedingung ein ausgezeichnetes Bezugssystem fest; auch wenn dieses ohne beobachtbare Auswirkung ist [111]. Die Symmetrie unter der Gruppe der Lorentztransformationen bekommt damit den Status einer bloß »empirischen« Symmetrie.

Diese Modelle rühren also an einen ehernen Grundsatz der modernen Physik und scheinen auf den ersten Blick die Intuition derer zu bestätigen, die der de Broglie-Bohm Theorie keine »überzeugende« relativistische Verallgemeinerung zugetraut haben. Es hat jedoch den Anschein, dass die konventionellen Versionen der relativistischen Quantenmechanik und Quantenfeldtheorie dieses Problem lediglich verschleiern, indem sie dem Messproblem nicht die notwendige Aufmerksamkeit schenken. Die konventionellen Theorien »erkaufen« sich ihre Lorentzkovarianz durch den Verzicht auf das *beable*-Konzept, d.h. durch eine unvollständige Beschreibung des Messprozesses. Postuliert man jedoch lediglich einen »Kollaps« als eine im Detail ungeklärte zusätzliche Zustandsänderung, stellt sich das Problem der Verträglichkeit mit der Relativitätstheorie ebenso. Schließlich reduziert der Kollaps die Wellenfunktion *instantan*, zeichnet also ebenfalls ein Bezugssystem aus. Eine genauere Diskussion dieses Problemkreises findet sich in [7, 142, 154, 155, 156].

Die weitere Entwicklung wird erweisen, ob eine relativistische Theorie mit voller Lorentzkovarianz *und* einer Lösung des Messproblems gefunden werden kann. Dieser Konflikt zwischen »Messung« und »Relativität« kann aber ebenso als Hinweis auf ein Grundproblem der Physik gedeutet werden, das zu einer weitreichenden Revision unserer Vorstellungen auffordert.

---

[8] Dürr et al. konnten in [153] jedoch zeigen, dass die Lorentzinvarianz formal wieder hergestellt werden kann, indem die Zerlegung der Raum-Zeit durch ein lorentzinvariantes Verfahren geleistet wird.

9 Kritik an der Bohmschen Mechanik

Die Bohmsche Mechanik fristet seit fünfzig Jahren ein Nischendasein und ist weit davon entfernt, Eingang in den Kanon der Physikausbildung zu finden. Es wäre zu einfach, diesen Umstand lediglich mit Ignoranz bzw. Autoritätsgläubigkeit abzutun. Tatsächlich ist es lohnend, sich mit Argumenten gegen diese Theorie auseinander zu setzen. Einige frühe Kritiken von Einstein, Pauli und Heisenberg wurden in Abschnitt 2.3 zur Rezeption der Bohmschen Mechanik bereits erwähnt. Im Folgenden werden wir auch diese Punkte noch einmal aufgreifen.

Die Kritik an der Bohmschen Mechanik kann grob in zwei Klassen geteilt werden: Die erste basiert auf wissenschaftstheoretischen Argumenten. Hier wird also stärker ein »metatheoretischer« Diskurs geführt. Davon zu unterscheiden sind Ansätze, die die Konsistenz und Verallgemeinerungsfähigkeit der Bohmschen Mechanik problematisieren.

Im Folgenden gehen wir auf diese Kritik genauer ein und streben dabei eine möglichst faire Darstellung an. Zwar scheinen uns einige Argumente streng widerlegbar und keines absolut zwingend; in der Auseinandersetzung mit ihnen werden die Besonderheiten und Merkwürdigkeiten der Bohmschen Mechanik jedoch beispielhaft beleuchtet. Es ist an dieser Stelle also nicht unser Anliegen, die Bohmsche Mechanik »stark zu schreiben«, indem alle Kritik an ihr als vollkommen grundlos hingestellt wird. Der Leser kann an dieser Stelle sein eigenes Urteil suchen. Es ist jedoch zu bedenken, ob eine Wahl zwischen Quantenmechanik und Bohmscher Mechanik überhaupt getroffen werden muss, oder ob es nicht redlicher ist, diese Frage als (vorläufig?) unentscheidbar zu betrachten.

9.1 Der Metaphysikvorwurf

Wie bereits angedeutet, macht sich zahlreiche Kritik an der Tatsache fest, dass die Bohmsche Mechanik keine von der Quantenmechanik experimentell unterscheidbaren Aussagen trifft. Dadurch versagt das nahe liegende Verfahren, bei konkurrierenden Theorien das Experiment für oder gegen eine der Alternativen entscheiden zu lassen. Wenn dieser Umstand alleine als Argument gegen die Bohmsche Mechanik verwendet wird, stellt sich natürlich unmittelbar die Frage, warum nicht die Quantenmechanik verworfen wird bzw. beide Theorien gleichberechtigt behandelt werden. Tatsächlich bedeutet die deskriptive Äquivalenz beider Theorien lediglich, dass andere Kriterien für eine Unterscheidung gefunden werden müssen. Angesichts der konzeptionellen Unterschiede zwischen Bohmscher und Quantenmechanik bieten sich hier jedoch zahlreiche Möglichkeiten.

Im Gegensatz zu dieser Überlegung ist angesichts der fehlenden experimentellen Trennschärfe von einigen (siehe etwa das Heisenbergzitat in Abschnitt 2.3) die These vertreten worden, dass es sich bei Bohmscher Mechanik um gar keine eigene physikalische Theorie handele bzw. die Bohmsche Mechanik als physikalische Theorie mit der Quantenmechanik identisch sei und deshalb ignoriert werden könne. Hinter diesem Vorwurf steht allerdings ein Begriff von physikalischer Theorie, der *operational* genannt werden kann[1]. Er reduziert eine Theorie auf die Menge der von ihr gemachten Vorhersagen. Diese Sichtweise kann konsistent vertreten werden, man muss sich jedoch klar machen, welchen Preis dieser Theoriebegriff fordert. Sind es nicht gerade die erkenntnistheoretischen Implikationen, die der Quantenphysik ihre Faszination und Wichtigkeit geben? Jeder Versuch, der zeigt, dass diese radikalen erkenntnistheoretischen Implikationen nicht zwingend sind, ist demnach ein wichtiger Beitrag in der Debatte. Die häufig zu lesende Behauptung, dass etwa das Doppelspaltexperiment unmöglich mit der Vorstellung von punktförmigen Teilchen auf definierten Trajektorien erklärt werden kann, ist angesichts der Bohmschen Mechanik schlichtweg falsch.

Sicherlich, der Determinismus der Bohmschen Mechanik mag als »fiktiv« (Englert in [157]) bezeichnet werden, insofern man die Anfangsbedingungen nicht beeinflussen kann, aber er ist eine Denkmöglichkeit. Ein Schluss aus der üblichen Interpretation der Quantenmechanik ist aber gerade die Leugnung dieser Möglichkeit[2].

Von der Physik zu verlangen, sich philosophischer Fragen vollständig zu enthalten, scheint zumindestens fragwürdig. Insofern ihr Selbstverständnis nicht nur auf »Berechenbarkeit« von Naturerscheinungen, sondern auf deren »Verständnis« zielt, bleiben erkenntnistheoretische Aspekte eine wesentliche Grundlage von physikalischer Theoriebildung. Bei Frodl [158] lesen wir in einem ähnlichen Zusammenhang:

> Einer der glaubt, in seiner Physik steckten überhaupt keine philosophischen Annahmen, wird von Lakatos Verdikt getroffen, die meisten Wissenschaftler verstünden die Wissenschaft kaum besser als die Fische die Hydrodynamik [159] – sie schwimmen eben ganz erfolgreich.

Die Behauptung, dass Bohmsche Mechanik keine »physikalische Theorie« ist, findet übrigens ihre Entsprechung in dem Vorwurf einiger Anhänger der Bohmschen Mechanik (etwa in [4]), dass die übliche Quantenmechanik von unüberwindbaren Schwierigkeiten geplagt wird. Hier wird also umgekehrt der Quantenmechanik der Rang einer vollwertigen Theorie abgesprochen. Vor allem das Messproblem – das tatsächlich keine allgemein akzeptierte Lösung innerhalb der Quantenmechanik findet – wird in diesem Sinne verwendet.

---

[1] Damit soll nicht behauptet werden, dass Heisenberg diesen Theoriebegriff durchgängig vertreten hat.

[2] In philosophischer Terminologie kann man sprechen, dass die Bohmsche Mechanik den »ontischen Indeterminismus« der Quantenmechanik zu einem »epistemischen Indeterminismus« umdeutet.

Offensichtlich folgt unsere Darstellung dieser provokanten These nicht, und in Kapitel 3 haben wir argumentiert, wie die Ensemble-Interpretation das Messproblem lösen (bzw. entschärfen) kann. Noch einmal sei darauf hingewiesen, dass Bohmsche Mechanik ihre Berechtigung auch als eine von mehreren konsistenten Interpretationen[3] der Quantenmechanik besitzt.

Gerade in dieser Situation scheint das Verhältnis von Quantenmechanik und Bohmscher Mechanik ein Musterbeispiel für die bekannte These des amerikanischen Philosophen und Mathematikers Willard Van Orman Quine (1908–2000), von der »Theorie-Unterbestimmtheit« [160]. Danach sollte jede Theorie sogar beliebig viele empirisch äquivalente Umformulierungen erlauben. Die Annahme eines »wissenschaftlichen Realismus« wird dadurch beträchtlich erschwert. Die Wissenschaftsgeschichte liefert allerdings erstaunlich wenig Beispiele für diese These von Quine, und innerhalb der Naturwissenschaft ist es übliche Praxis, andere Kriterien (etwa »inter-theoretische semantische Konsistenz« oder »Einheit« [99]) für die Theorieauswahl mit einzubeziehen. Einige dieser Kriterien (Einfachheit, Symmetrie etc.) sollen im Folgenden betrachtet werden. Die herausragende wissenschaftstheoretische Bedeutung der Bohmschen Mechanik zeigt sich schon an dieser Stelle: Sie zwingt die Physiker dazu, ihr naives Selbstbild als Vertreter einer rein empirischen Wissenschaft zu reflektieren.

9.2 Ockham's Razor

Es ist gängige Auffassung, dass von zwei äquivalenten Theorien diejenige bevorzugt werden sollte, die mit der kleineren Zahl von Annahmen auskommt. Da die übliche Schrödingertheorie eine echte Teilmenge der Bohmschen Mechanik darstellt[4], sollte nach diesem Kriterium der üblichen Quantenmechanik der Vorzug vor der Bohmschen Mechanik gegeben werden. Mit anderen Worten: Warum sollte man den zusätzlichen Ballast der Trajektorien in Kauf nehmen, wenn keine neuen Vorhersagen getroffen werden können?

Dieser Schluss kann jedoch mit folgendem Hinweis hinterfragt werden: In der Bohmschen Mechanik fügt man zwar die Bewegungsgleichung für die Trajektorien hinzu, macht jedoch alle Postulate überflüssig, die die Interpretation der Wellenfunktion bzw. des Messprozesses betreffen. Das formale Argument der »Denkökonomie« führt an dieser Stelle also nicht zu einem zwingenden Schluss.

Zudem kann man bezweifeln, ob die Vorraussetzungen für die Anwendbarkeit dieses Kriteriums erfüllt sind. Die beiden Theorien haben zwar den gleichen deskriptiven Gehalt, unterscheiden sich jedoch radikal in ihrer jeweiligen Vorstellung von physikalischer Realität. In diesem Sinne sind die Theorien nur dann äquivalent, wenn man einer positivistischen Wissenschaftsauffassung anhängt.

---

[3] Wir unterscheiden an dieser Stelle nicht zwischen verschiedenen *Theorien* bzw. *Interpretationen*.
[4] In dem Sinne, dass die Schrödingergleichung auch in der Bohmschen Mechanik die Bestimmungsgleichung für die Wellenfunktion ist.

9.3 Rückkehr zur klassischen Physik?

Zahlreiche Kritiker der Bohmschen Mechanik sehen in ihr den Versuch, zur klassischen Physik zurückzukehren. Insofern man »klassisch« im Sinne von klassischer Newtonscher Physik auffasst, ist diese Auffassung offensichtlich dem Missverständnis geschuldet, Bohmsche Mechanik sei im Kern eine mit dem Quantenpotential modifizierte Newtonsche Physik. Dieser Vorwurf sollte im Verlauf unserer Darstellung ausgeräumt worden sein. Aber natürlich wird bei diesem Vorwurf »klassisch« häufig im Sinne von »objektivierbar« und »deterministisch« verstanden. In diesem Sinne ist Bohmsche Mechanik tatsächlich klassisch – genauso wie im Übrigen die Relativitätstheorien. Ein Vorwurf wird daraus allerdings erst, wenn man der Bohmschen Mechanik unterstellt, gewaltsam zu einem veralteten Weltbild zurückzukehren und die radikalen erkenntnistheoretischen Implikationen der modernen Physik zu leugnen. Etwa schreibt Englert [157]:

> Mit Berufung auf diese Bahnen sind atomare Vorgänge dann deterministisch und das erspart uns die Trauerarbeit, die uns der Verlust des deterministischen Newton-Maxwellschen Weltbildes abverlangt.

Man sollte jedoch nicht übersehen, dass mit der explizit nichtlokalen Dynamik und der andersartigen mathematischen Struktur der Bohmschen Mechanik ebenfalls radikale Abweichungen von einem »Newton-Maxwellschen Weltbild« einhergehen. Man kann diese Argumentation sogar umkehren und der üblichen Quantenmechanik vorwerfen, dass gerade sie, in ihrem Festhalten an allen klassischen Observablen, eine große Anhänglichkeit an klassische Vorstellungen offenbart. Die Umdeutung des Observablenkonzeptes innerhalb der Bohmschen Mechanik (Stichwort: Kontextualität) bietet hier eine radikale Abkehr an. Um die Formulierung Englerts aufzugreifen, erspart sich die übliche Quantenmechanik somit die Trauerarbeit, die der Bedeutungsverlust von Impuls, Energie und Arbeit auf dem mikroskopischen Niveau bedeutet.

Bohmsche Mechanik sollte stattdessen als ernsthaftes Ringen um die Frage nach der tatsächlichen Natur physikalischer Realität verstanden werden. Ohne sachliche Gründe sollte die Möglichkeit einer objektivierbaren und deterministischen Beschreibung nicht verworfen werden.

9.4 Leere Wellenfunktionen

Neben dem zuletzt diskutierten Vorwurf, die Bohmsche Mechanik unternehme den anachronistischen Versuch, zur klassischen Physik zurückzukehren, sehen andere Kritiker gerade in ihren nicht-klassischen Zügen den Anlass für ihre Ablehnung. Bereits in Abschnitt 4.7 ist darauf hingewiesen worden, welche Folgen die Annahme einer Wellenfunktion als physikalisch realem Objekt mit sich bringt. Innerhalb der Bohmschen Mechanik wird ein System durch Ort und Wellenfunktion beschrieben. Der Ort zeichnet den Zweig der Wellenfunktion aus, der dem tatsächlichen Zustand des Systems entspricht. Alle anderen Zweige der

Wellenfunktionen, in die keine Trajektorie führt, sind jedoch ebenfalls »real«. Der Raum ist gemäß der Bohmschen Mechanik also mit Myriaden von »leeren Wellenfunktionen« bevölkert. Man kann zwar plausibel argumentieren, dass diese keinen Einfluss auf die weitere Zeitentwicklung haben (Stichwort: Dekohärenz), aber ästhetisch unbefriedigend bleibt dieser Punkt dennoch.

Eine ebenfalls häufige Kritik an der Vorstellung, die Wellenfunktion sei ein reales physikalisches Feld, bezieht sich darauf, dass sie auf dem Konfigurationsraum definiert ist. Richtig ist, dass alle physikalischen Felder der klassischen Physik auf dem Ortsraum definiert sind. Daraus kann jedoch nicht ernsthaft ein Kriterium für den physikalischen Feldbegriff in allen anderen Bereichen der Physik abgeleitet werden.

Wie in Abschnitt 4.7 bereits erwähnt, ist in Reaktion auf diese Kritik von Dürr et al. [75] der Vorschlag gemacht worden, die Rolle der Wellenfunktion mit derjenigen der Hamiltonfunktion innerhalb der klassischen Mechanik zu vergleichen. Diese ist ebenfalls nicht auf dem Ortsraum definiert, sondern auf dem hochdimensionalen Phasenraum des Systems. Im Gegensatz zu der z. B. von Bohm selbst vertretenen Auffassung fasst man die Wellenfunktion dann zwar nicht mehr als »physikalische Realität« (etwa analog zum elektromagnetischen Feld) auf, sie behält jedoch eine beobachterunabhängige Bedeutung.

9.5 Die Asymmetrie der Bohmschen Mechanik

Schließlich zielt ein häufiger Einwand gegen die Bohmsche Mechanik auf ihre Asymmetrie bezüglich der Behandlung von Ort und Impuls. Symmetrieargumente haben eine überragende Bedeutung in allen Bereichen der Physik und sollten nicht als rein »ästhetisch« abgetan werden. Zum Beispiel haben auch wir in Abschnitt 4.3 eine Motivation der Bohmschen Mechanik aus Symmetrieargumenten diskutiert. Deshalb lohnt sich hier ein genauerer Blick.

In der Bohmschen Mechanik findet in der Tat eine explizite Auszeichnung des Ortes statt. Alle anderen Observablen werden »kontextualisiert«, also ihrer fundamentalen Rolle entkleidet. Das zeigt sich konkret darin, dass man dem Teilchen auf der Bohmschen Trajektorie außer Ort und Geschwindigkeit keine zusätzlichen Eigenschaften zuordnen kann. Der tiefere Grund dafür ist, dass Energie, Impuls, Arbeit etc. in einer Theorie erster Ordnung nicht erhalten sind und deshalb keine besondere Bedeutung beanspruchen können. In diesem Augenblick verliert die Forderung nach Symmetrie zwischen z. B. Ort und Impuls jedoch ihre Grundlage. Sie bedeutet schließlich die Forderung nach Gleichbehandlung einer fundamentalen Größe mit einer abgeleiteten und von der Beobachtungssituation abhängigen Eigenschaft.

Die Symmetrieeigenschaften der klassischen Physik sind eben nicht Selbstzweck, sondern reflektieren die mathematische Struktur der zugrunde liegenden Theorie. Es gibt keinen Grund anzunehmen, dass Symmetrien, die in einem Bereich der Physik gelten, auch in anderen Gebieten anzutreffen sind. Ein bekanntes Beispiel ist etwa die Verletzung der Parität (d. h. der Symmetrie unter Raumspiegelung) durch die schwache Wechselwirkung. Diese innerhalb der klassischen Physik selbstverständliche Symmetrie wird von der Dynamik des Standard-Modells der Teilchenphysik verletzt. Aus diesem Umstand wird jedoch keine Kritik am Standard-Modell abgeleitet.[5]

Ein anderer Fall von Asymmetrie innerhalb der Bohmschen Mechanik findet sich bezüglich der Rolle der Wellenfunktion. Diese wirkt auf die Teilchenbahnen, ohne dass diese umgekehrt die Wellenfunktion beeinflussen. Kritiker der Bohmschen Mechanik erinnern gerne daran, dass Einstein seine Ablehnung des Konzeptes eines absoluten Raumes genau an einer entsprechenden Asymmetrie festgemacht hat: Der absolute Raum wirkt auf physikalische Abläufe, ohne dass diese eine Rückwirkung auf ihn ausüben. Dieser Punkt erscheint dem Autor dieser Zeilen in der Tat bedenkenswert und ein echter Makel der Bohmschen Mechanik. Folgt man dem Argument von Dürr et al. in [75] und sieht in der Wellenfunktion ein Analogon zur Hamiltonfunktion der klassischen Mechanik, relativiert sich dieser Vorwurf jedoch.

9.6 Das ESSW-Experiment

Wir wenden uns nun einem Argument zu, das eine stärker inhaltliche Auseinandersetzung mit der Bohmschen Mechanik sucht als der zuvor betrachtete metatheoretische Diskurs.

In [162] schlagen Englert, Scully, Süssmann und Walther (ESSW) ein Experiment vor, das zeigen soll, dass die Bohmschen Trajektorien von beobachtbaren Trajektorien makroskopisch abweichen. Die Autoren betrachten zuerst ein Doppelspaltexperiment, an dem das bekannte Interferenzmuster $|\psi_1 + \psi_2|^2$ beobachtet werden kann. Wie in unserer Darstellung in Abschnitt 7.4 wird hervorgehoben, dass die Bohmschen Trajektorien die Symmetrieebene zwischen den Spalten nicht schneiden können. Der entscheidende Punkt besteht nun in der Anbringung von *which-way*-Detektoren. Bei diesen handelt es sich um supraleitende Kavitäten, die sensibel auf den Durchgang einzelner Atome reagieren können, ohne deren sonstigen Zustand merklich zu beeinflussen[6]. Durch solche Gerätschaften vor den Spalten wird das Interferenzmuster zerstört, und auf dem Schirm findet sich nur noch eine Verteilung gemäß $|\psi_1|^2 + |\psi_2|^2$ [109, S. 105]. Wichtig ist jedoch, dass die Symmetrieeigenschaften der Wellenfunktion nicht beeinflusst werden ($\psi_1(x,y,z,t) = \psi_2(x,y,-z,t)$). Dadurch, so ESSW weiter, gälte immer noch, dass die Bohmschen Trajektorien die Symmetrieebene nicht schneiden dürfen.

---

[5] Zugegeben, insofern die Paritätsverletzung der schwachen Wechselwirkung experimentell bestätigt wurde, scheint der Vergleich irreführend. Allerdings zeigt er, wie eine Symmetrie auf dem Quantenniveau verletzt werden kann, die innerhalb der klassischen Physik selbstverständlich ist.
[6] Eine solcher Detektor kann zum Nachweis von angeregten Rydberg-Zuständen verwendet werden. Diese strahlen beim Passieren der Kavität ein Photon ab; der translatorische Anteil der Wellenfunktion wird dabei jedoch praktisch nicht beeinflusst [163].

Jedoch weisen die Verteilungen $|\psi_1|^2$ und $|\psi_2|^2$ im Allgemeinen Beiträge auf beiden Seiten der Symmetrieebene auf.

Dadurch, so schließen Englert et al. ihre Argumentation, komme es zu Ereignissen, in denen etwa der obere *which-way*-Detektor anspricht – das Teilchen ihrer Argumentation nach also durch ψ_1 beschrieben wird – und dennoch der Schirm unterhalb der Symmetrieebene getroffen werde. Die Bohmsche Trajektorie scheine also durch den unteren Spalt zu führen. Mit den Worten von ESSW:

> The Bohm trajectory is here macroscopically at variance with the actual, that is: observed track. Tersely: Bohm trajectories are not realistic, they are surrealistic.

ESSW diskutieren zudem eine Anordnung, deren experimentelle Realisierung bedeutend leichter ist als das oben skizzierte Doppelspaltexperiment. Diese ist im Prinzip identisch mit dem *delayed-choice double-slit*-Experiment, das wir in Abschnitt 7.4.1 behandelt haben. Dort wurde auch der Fall behandelt, dass Detektoren hinter den Spalten angebracht werden. In der entsprechenden ESSW-Anordnung haben die speziellen *which-way*-Detektoren gerade diese Funktion.

9.6.1 Erwiderungen auf ESSW

Die Arbeit von ESSW hat bis in jüngste Zeit zahlreiche Erwiderungen provoziert [164, 165, 166, 167, 168, 169] und eine rege Diskussion des »surreal trajectories problem« [165] erzeugt. Die Einwände berühren verschiedene Punkte des ESSW-Argumentes. In [164, 165] wird unter anderem kritisiert, dass ESSW einerseits zugestehen, dass Bohmsche Mechanik und Quantenmechanik identische empirische Vorhersagen treffen, andererseits jedoch eine (wie oben zitiert) Abweichung von »tatsächlichen« Teilchenbahnen behauptet wird. In [164] wird darauf hingewiesen, dass das Teilchenbahnkonzept einen entsprechenden theoretischen Rahmen voraussetzt. Innerhalb der üblichen Quantenmechanik wird die Existenz von Teilchenbahnen bekanntlich geleugnet. Mit ihrer Sprechweise von den »tatsächlichen« Teilchenbahnen scheinen ESSW also den Rahmen der üblichen Quantenmechanik zu verlassen, obwohl ihre Absicht ja gerade darin besteht, diese zu verteidigen! Insofern diese Kritik semantische Differenzen von »surreal« und »inkonsistent« behandelt, verfehlt sie jedoch einen anderen wichtigen Punkt der Diskussion. Tatsächlich behaupten ESSW, mit ihrer Arbeit gezeigt zu haben, dass sogar gemessene Blasenkammerspuren von den entsprechenden Bohmschen Trajektorien makroskopisch abweichen. Dies wäre in der Tat ein gewichtiger Einwand gegen die Bohmsche Mechanik. Diesen Nachweis führen ESSW aber gerade nicht.

Dazu muss man beachten [165], dass der *which-way*-Detektor der ESSW-Anordnung alleine kein physikalisches Faktum im Bohmschen Sinne konstituiert. Dazu müsste die Information seiner Anregung erst in den Nachweis einer Position, z. B. des Zeigers eines Messgerätes, übersetzt werden. Geschieht dies, so wird die Konfiguration makroskopisch verändert. In dieser Situation ist die Überquerung der vormaligen Symmetrieebene in völligem Einklang mit der Bohmschen Mechanik. Die zentrale Voraussetzung des ESSW-Argumentes, dass die Symmetrie der Wellenfunktion mit und ohne Detektor identisch ist, wird dadurch gerade nicht erfüllt. Die Details dieses Argumentes haben wir in Abschnitt 7.4.1 besprochen. Mit diesem Hinweis versteht man auch den Unterschied zwischen *which-way*-Detektoren und etwa der Spur in einer Blasenkammer. Letztere übersetzt die Anregung in eine veränderte räumliche Konfiguration und stellt damit einen im Bohmschen Sinne »verlässlichen« Detektor dar.

Hinsichtlich der Spur in einer Blasenkammer ist das ESSW-Argument also haltlos. Bezüglich des *which-way*-Detektors ist die Situation jedoch etwas subtiler. ESSW sind sich des obigen Einwandes bewusst und beziehen sich explizit auf die Bellsche Analyse, die wir in Abschnitt 7.4.1 diskutiert haben. Sie schreiben dazu [162]:

> Bell [12, S. 111] has more to say about double-slit interferometers with which-way detectors. His detectors, however, are not of the one-bit type, but consist of very many particles [...]
>
> Bell considers treating these particles also according to the rules of Bohmian mechanics and arrives at the conclusion that, in effect, either ψ_1 or ψ_2 become irrelevant. [...]
>
> Bells reasoning does not apply to the present scheme, in which no macroscopic displacement occurs until the which-way information stored in the one-bit detector is finally read off. This reading is done (long) after the atom has hit the screen.

ESSW sehen also sehr genau, dass ihr Argument mit dem Umstand steht und fällt, dass der Detektor zum Teilchennachweis mit keiner makroskopischen Ortsveränderung korreliert. Diese Korrelation kann jedoch – nach dem Auftreffen des Teilchens – an den *which-way*-Detektor gekoppelt werden. Dieses Argument ist also ebenfalls vom *delayed-choice*-Typ, hier jedoch gegen die Bohmsche Mechanik gerichtet!

Es bleibt jedoch richtig, dass aus Sicht der Bohmschen Mechanik der *which-way*-Detektor alleine kein verlässliches Ergebnis liefert. Ein verzögertes Auslesen macht das Messergebnis also nicht vertrauenswürdiger. Nach [167] wird man in dieser Anordnung über die wirkliche Bohmsche Teilchenbahn »getäuscht«. In [165] argumentiert Barrett, dass man ebenso gut annehmen kann, dass die spätere Messung die korrekte Auskunft über den Teilchenort zu diesem späteren Zeitpunkt liefert. In beiden Fällen ensteht kein Problem für die Bohmsche Mechanik.

9.7 Nichtlokalität

Auf dem Niveau individueller Trajektorien ist die Bohmsche Mechanik explizit nichtlokal, d. h. ihre Dynamik stellt eine Fernwirkung zwischen im Prinzip beliebig weit entfernten Objekten her. Diese Eigenschaft ist sicherlich der häufigste Anlass für Kritik an der Bohmschen Theorie.

9.7 Nichtlokalität

Diesem Vorwurf begegnen Vertreter der Bohmschen Mechanik in der Regel mit dem Hinweis auf den generell »nichtlokalen« Charakter der Quantenmechanik, wie er etwa aus der Analyse der Bellschen Ungleichung folgt. Auch in unserer Diskussion des Gegenstandes haben wir argumentiert, dass die Quantenmechanik eine Variante der »Lokalität« verletzen muss. Zumindest haftet allen Versuchen, die »Lokalität« der Quantenmechanik zu retten, etwas sehr Künstliches an. Unsere Analyse aus Abschnitt 6.3.2 hat allerdings auch gezeigt, dass dieser Begriff unterschiedliche mathematische Präzisierungen erlaubt. Dies öffnet Raum für die kontroverse Debatte, ob die Verletzung der »Lokalität« durch Quanten- und Bohmsche Mechanik – etwa hinsichtlich der Verträglichkeit mit der speziellen Relativitätstheorie – unterschiedlich bewertet werden kann. Es kann in der Tat sinnvoll die Auffassung vertreten werden, dass die »Nichtlokalität« der Bohmschen Mechanik expliziter als diejenige der üblichen Quantenmechanik ist. Die Anhänger der Bohmschen Mechanik sehen darin jedoch keine Schwäche ihrer Theorie, sondern einen Verdienst. Mit den Worten von J. Bell [12, S. 115]:

> That the guiding wave, in the general case, propagates not in ordinary three-space but in a multidimensional configuration-space is the origin of the notorious »nonlocality« of quantum mechanics. It is a merit of the de Broglie-Bohm version to bring this out so explicitly that it cannot be ignored.

Tatsächlich kann man auch argumentieren, dass die Nichtlokalität einer nichtrelativistischen Theorie kein fundamentales Problem darstellt. Mit dem *Vorwurf* der Nichtlokalität ist deshalb in der Regel der Zweifel verbunden, eine befriedigende relativistische Verallgemeinerung der Bohmschen Mechanik angeben zu können. Mit dieser Frage haben wir uns jedoch schon ausführlich in Kapitel 8 beschäftigt. Dort wird gezeigt, dass es möglich ist, »Bohm-artige« Verallgemeinerungen anzugeben, die alle Vorhersagen der relativistischen Quantenmechanik und Quantenfeldtheorie reproduzieren. Richtig ist jedoch auch, dass (realistische) Modelle diesen Typs bisher die Lorentzinvarianz auf dem Niveau individueller Prozesse verletzen. Unlauter ist jedoch, mit dem Hinweis auf die existierenden relativistischen Quantenfeldtheorien die Bedeutung der Bohmschen Mechanik bestreiten zu wollen. Dieses Argument übersieht die Tatsache, dass die besagten relativistischen Quantenfeldtheorien ebenfalls ein ungelöstes Messproblem haben.

10 Schlussbemerkungen

Der Streit um die de Broglie-Bohm Theorie ist in die seit Jahrzehnten andauernde Debatte um die Interpretation der Quantenmechanik eingebettet. Es braucht keine besondere Hellsichtigkeit, um zu vermuten, dass diese Auseinandersetzung auch in absehbarer Zeit zu keinem Ende kommen wird. Durchaus bemerkenswert ist jedoch, dass in Folge dieses Streits die Bohmsche Mechanik weitgehend marginalisiert wurde. Dies kann durch die Qualität der an ihr geübten Kritik alleine nicht erklärt werden. Es drängt sich der Eindruck auf, dass der zweifelhafte Ruf, der der Beschäftigung mit Theorien verborgener Variablen anhaftet, teilweise auch historischen Zufälligkeiten geschuldet ist[1]. Einige Autoren geraten an dieser Stelle jedoch in eine gefährliche Nähe zu Verschwörungstheorien [7, 170].

Aus welchem Grunde auch immer der Bohmschen Mechanik so wenig Aufmerksamkeit geschenkt wird, es ist äußerst bedauerlich, dass diese Theorie zum jetzigen Zeitpunkt ein Nischendasein bei einer Gruppe von Physikern fristet, die an der üblichen Formulierung der Quantenmechanik Fundamentalkritik üben. Die Gründe für eine breite Auseinandersetzung mit der Bohmschen Mechanik sind nämlich vielfältig. Wichtig ist ihre wissenschaftstheoretische Bedeutung: Sie zwingt die Physiker dazu, ihr naives Selbstbild als Vertreter einer rein empirischen Wissenschaft zu reflektieren. Die Beobachtungsdaten alleine besitzen keine Trennschärfe zwischen der herkömmlichen Theorie und der Bohmschen Mechanik. Zu ihrer Unterscheidung müssen deshalb andere Kriterien angewendet werden. Dabei ist es absolut legitim, die Bohmsche Mechanik z. B. auf Grundlage von in Kapitel 9 erwähnten metatheoretischen Argumenten abzulehnen. Unredlich ist jedoch, den auch subjektiven Charakter dieser Entscheidung zu leugnen.

Ebenfalls besitzt die Bohmsche Mechanik einen didaktischen Wert, der in der bisherigen Physikausbildung kaum genutzt wurde. Es ist grundsätzlich von Vorteil, wenn ein Gegenstand aus verschiedenen Perspektiven beleuchtet werden kann und der Vergleich zwischen den Alternativen den Blick auf die jeweiligen charakteristischen Eigenschaften erst schärft [171]. Im Falle der Quantenmechanik erscheint dies besonders wünschenswert, denn ihre Darstellung leidet oft unter einer Mischung aus mathematischer Komplexität und begrifflicher Unschärfe. Hier kann die Grenze zwischen »noch nicht verstanden« und »nicht verstehbar (in herkömmlichen Begriffen)« leicht verwischen. Dass die Bohmsche Mechanik

---

[1] Natürlich ist die geringe Beachtung, die der Bohmschen Mechanik zuteil wird, auch dem schwach ausgeprägten Interesse vieler Physiker an wissenschafts- und erkenntnistheoretischen Fragen geschuldet. Wer stärker (oder sogar nur) an operationaler Beherrschung und technischer Anwendung der Quantenmechanik interessiert ist, für den sind die meisten Fragen, die in diesem Buch behandelt wurden, in der Tat irrelevant.

eine enorm fruchtbare Rolle beim Verständnis der Quantenmechanik spielen kann, hat sie schon einmal bewiesen: John S. Bell wurde durch die Nichtlokalität der Bohmschen Mechanik dazu inspiriert, die nach ihm benannte Ungleichung zu entwickeln.

Schließlich stellt die Bohmsche Theorie einen einzigartigen Beitrag in der Debatte um die Interpretation der Quantenmechanik dar. Bohm selber sah sogar den Hauptverdienst seiner Theorie darin, nachzuweisen, dass eine deterministische Interpretation der Quantenmechanik überhaupt möglich ist. Dies wurde von den Begründern der Quantenmechanik bekanntlich geleugnet. Die Bohmsche Mechanik zeigt aber gleichzeitig deutlich, welchen Preis man dafür zahlen muss (Stichwort: physikalisches Feld auf dem Konfigurationsraum, leere Wellenfunktionen etc.). Die Bohmsche Mechanik erlaubt somit, die Interpretationsfragen der Quantenmechanik in einen neuen Blickwinkel zu rücken. Jeder Beitrag, der es erlaubt, diese hochspezialisierte Expertendiskussion[2] zu rekonstruieren, verdient besondere Aufmerksamkeit.

Diese Zugänge zur de Broglie-Bohm Theorie sind dabei vollständig unabhängig von der Frage ihrer tatsächlichen »Wahrheit«. Wie bereits erwähnt, betrachtete Bell (wie auch Bohm selber) die Bohmsche Mechanik nicht als das letzte Wort in der Debatte um die Interpretation der Quantenmechanik. Aber welche physikalische Theorie kann diesen Anspruch überhaupt erheben? Man ist an die Worte Bertrand Russels über den Wert der Philosophie erinnert [173]:

> Der Wert der Philosophie darf nicht von irgend einem festumrissenen Wissensstand abhängen, den man durch Studium erwerben könnte. Der Wert der Philosophie besteht im Gegenteil gerade wesentlich in der Ungewißheit, die sie mit sich bringt.

---

[2] A. Cabello gibt in [41] eine Bibliographie für die Grundlagen der Quantenmechanik (sowie Quanteninformationstheorie). Er kommt dabei – trotz subjektiver Auswahl – auf nicht weniger als 11232 Einträge.

A Hamilton-Jacobi-Theorie

Die Hamilton-Jacobi-Theorie stellt eine Umformulierung der Newtonschen Mechanik dar. Für eine ausführliche Diskussion siehe etwa [55, 56, 57]. Zur Herleitung ihrer Grundgleichung betrachten wir die Wirkung S, die im eindimensionalen Fall definiert ist als:

$$S = \int_{t_0}^{t_1} L(q, \dot{q}, t) \mathrm{d}t \qquad (A.1)$$

Wie üblich bezeichnet L die Lagrangefunktion in den verallgemeinerten Koordinaten q und $\dot{q}$.

Obige Beziehung wird üblicherweise verwendet, um mittels des Prinzips der kleinsten Wirkung die Euler-Lagrange-Gleichungen herzuleiten und damit die Bahnkurve $q = q(t, t_0, q_0, \dot{q}_0)$ zu bestimmen. Man setzt dazu die Variation der Bahnkurve δq mit festen Endpunkten $q(t_0)$ und $q(t_1)$ gleich Null. Die Variation ergibt sich zu

$$\begin{aligned}
\delta S &= \frac{\partial L}{\partial \dot{q}} \delta q \Big|_{t_0}^{t_1} + \int_{t_0}^{t_1} \left(\frac{\partial L}{\partial q} - \frac{\mathrm{d}}{\mathrm{d}t} \frac{\partial L}{\partial \dot{q}} \delta q \right) \mathrm{d}t \\
&= \int_{t_0}^{t_1} \left(\frac{\partial L}{\partial q} - \frac{\mathrm{d}}{\mathrm{d}t} \frac{\partial L}{\partial \dot{q}} \delta q \right) \mathrm{d}t \\
\Rightarrow \quad & \frac{\partial L}{\partial q} - \frac{\mathrm{d}}{\mathrm{d}t} \frac{\partial L}{\partial \dot{q}} = 0
\end{aligned}$$

Man argumentiert also, dass der erste Term von δS verschwindet, da Anfangs- und Endpunkt fest sind. Dann muss jedoch der Integrand verschwinden, was auf besagte Euler-Lagrange-Gleichung führt.

Wir kehren nun die Betrachtungsweise um und setzten eine Lösung $q(t, t_0, q_0, \dot{q}_0)$ des Problems in Gleichung A.1 ein. Dabei betrachten wir die Wirkung als Funktion der oberen Integrationsgrenze. Es gilt dann für die Variation der Wirkung:

$$\begin{aligned}
\delta S &= \frac{\partial L}{\partial \dot{q}} \delta q \Big|_{t_0}^{t_1} + \int_{t_0}^{t_1} \left(\frac{\partial L}{\partial q} - \frac{\mathrm{d}}{\mathrm{d}t} \frac{\partial L}{\partial \dot{q}} \delta q \right) \mathrm{d}t \\
&= \frac{\partial L}{\partial \dot{q}} \delta q \Big|_{t_0}^{t_1} \\
&= p \delta q \\
\Rightarrow \quad & \frac{\partial S}{\partial q} = p
\end{aligned}$$

Nun verschwindet also gerade das Integral, denn nach Voraussetzung ist ja eine Lösung der Euler-Lagrange-Gleichungen eingesetzt worden! Übrig bleibt der erste Term, aber die partielle Ableitung von L nach $\dot{q}$ liefert gerade den konjugierten Impuls. Wir gewinnen also als wichtigen Zwischenschritt $\frac{\partial S}{\partial q} = p$. Natürlich ergibt sich daraus für den dreidimensionalen Fall:

$$\boxed{\nabla S = p} \tag{A.2}$$

Andererseits gilt nach Definition der Wirkung $\frac{dS}{dt} = L$, sodass weiterhin gilt:

$$\begin{aligned} L &= \frac{dS}{dt} \\ &= \frac{\partial S}{\partial t} + \frac{\partial S}{\partial q}\dot{q} \\ &= \frac{\partial S}{\partial t} + p\dot{q} \end{aligned}$$

Da jedoch für die Hamiltonfunktion $H = p\dot{q} - L$ gilt, finden wir schließlich die gesuchte **Hamilton-Jacobi-Gleichung**[1]:

$$\boxed{\frac{\partial S}{\partial t} + H\left(\partial S/\partial q, q, t\right) = 0} \tag{A.3}$$

Für ein System mit der Hamiltonfunktion $H = \frac{p^2}{2m} + V$ gewinnt man also die Hamilton-Jacobi-Gleichung einfach durch die Ersetzung $p \to \frac{\partial S}{\partial q}$ zu:

$$\frac{\partial S}{\partial t} + \frac{1}{2m}\left(\frac{\partial S}{\partial q}\right)^2 + V = 0 \tag{A.4}$$

Dies ist aber nichts anderes als Gleichung 4.8 für den eindimensionalen Fall!

---

[1] Eine weitere Herleitung/Interpretation der Hamilton-Jacobi-Gleichung kann man aus der Theorie der kanonischen Transformationen gewinnen. Dies sind die Koordinatentransformationen, die die »kanonischen Gleichungen« invariant lassen. Die Wirkung S ist nach dieser Lesart gerade die Erzeugende derjenigen Transformation, die auf eine Hamiltonfunktion führt, die in allen Koordinaten zyklisch ist. Für eine weitergehende Diskussion siehe etwa [56].

B Reine und gemischte Zustände

Bei einer ersten Begegnung mit der Quantenmechanik wird man bei Betrachtung des Zustandes

$$|\psi\rangle = \sum c_n |n\rangle \qquad (B.1)$$

zu dem Missverständnis eingeladen, $|\psi\rangle$ beschreibt eine Überlagerung von verschiedenen Zuständen $|n\rangle$ im gleichen Sinne, wie er auch Wahrscheinlichkeitsaussagen in anderen Bereichen (nicht nur) der Physik zugrunde liegt. Charakteristisch für Wahrscheinlichkeitsaussagen der klassischen Physik ist, dass sie lediglich unsere Unkenntnis ausdrücken und sich das betreffende physikalische System »in Wirklichkeit« in *einem* der möglichen Zustände befindet.

Der statistische Charakter eines quantenmechanischen Zustandes ist jedoch von anderer Art. Hinsichtlich der Erwartungswertbildung spielen Interferenzterme *zwischen* den Eigenzuständen $|n\rangle$ im Allgemeinen eine wichtige Rolle. In diesem Sinne kann von einer »inhärenten« Wahrscheinlichkeit quantenmechanischer Zustände gesprochen werden, die ohne klassisches Analogon ist.

Die Überprüfung von Wahrscheinlichkeitsaussagen – seien diese nun klassisch oder quantenmechanisch – kann nur mit Hilfe einer großen Zahl von Objekten (auch *Ensemble* genannt) erfolgen. Schließlich kann aus einer einzelnen Messung keine relative Häufigkeit abgeleitet werden. An dieser Stelle ist eine wichtige Unterscheidung zu treffen:

- **reines Ensemble**: Eine Menge von physikalischen Objekten, die durch die *gleiche* Wellenfunktion beschrieben werden

- **gemischtes Ensemble**: Eine Menge von physikalischen Objekten, die *nicht alle* durch die gleiche Wellenfunktion beschrieben werden

Mit anderen Worten handelt es sich bei einem gemischten Ensemble um die Überlagerung von mehreren reinen Ensemblen. Für ein gemischtes Ensemble (auch als statistisches Gemisch bezeichnet) tritt der Wahrscheinlichkeitsbegriff nun in einer doppelten Rolle auf: Neben der oben diskutierten spezifisch quantenmechanischen Bedeutung, kommt es bezüglich der Mischung verschiedener reiner Ensembles zu einer Überlagerung im klassischen Sinne! Betrachten wir ein gemischtes Ensemble von Objekten, die durch die Wellenfunktionen $|\psi_i\rangle$ $i \in \{1, \ldots, N\}$ beschrieben werden. Ist die relative Häufigkeit der $|\psi_i\rangle$-Zustände p_i (offensichtlich muss $\sum p_i = 1$ gelten), findet man unter Erwartungswertbildung

(d. h. bei Messung an diesem statistischen Gemisch):

$$\langle A \rangle = \sum_{i=1}^{N} p_i \langle \psi_i | A | \psi_i \rangle$$

Die p_i sind hier jedoch *reelle* Koeffizienten und dürfen deshalb weder mit den *komplexen* Koeffizienten c_n aus Gleichung B.1 noch den Wahrscheinlichkeiten $|c_n|^2$ verwechselt werden. In der Literatur wird statt des Erwartungswertsymbols $\langle A \rangle$ manchmal auch eine andere Notation eingeführt (etwa $[A]$). Damit soll angedeutet werden, dass der Erwartungswert bezüglich eines gemischten Ensembles eine vollkommen andere mathematische Struktur hat. Diesem Gemisch kann keine Wellenfunktion zugeordnet werden, da es sich ja schließlich um eine Mischung von Objekten handelt, die durch *verschiedene* Wellenfunktionen beschrieben werden.

Betrachten wir als konkretes Beispiel einen Strahl von Elektronen. Mischen wir in diesem Zustände $\uparrow$ und $\downarrow$ (bezüglich etwa der z-Achse) mit relativen Häufigkeiten p_1 und p_2, so gewinnen wir ein statistisches Gemisch im obigen Sinne. Unter Erwartungswertbildung bezüglich eines Operators $\hat{A}$ ergibt sich:

$$\langle \hat{A} \rangle_{\text{mixed}} = p_1 \langle \uparrow | \hat{A} | \uparrow \rangle + p_2 \langle \downarrow | \hat{A} | \downarrow \rangle$$

Betrachten wir hingegen ein reines Ensemble mit Objekten, die durch die Wellenfunktion

$$\psi_{\text{pure}} = c_1 | \uparrow \rangle + c_2 | \downarrow \rangle$$

beschrieben werden, ergibt die Erwartungswertbildung folgendes Ergebnis:

$$\langle \hat{A} \rangle_{\text{pure}} = |c_1|^2 \langle \uparrow | \hat{A} | \uparrow \rangle + |c_2|^2 \langle \downarrow | \hat{A} | \downarrow \rangle + c_1^* c_2 \langle \uparrow | \hat{A} | \downarrow \rangle + c_2^* c_1 \langle \downarrow | \hat{A} | \uparrow \rangle$$

Im Allgemeinen haben gemischte und reine Ensemble also vollkommen andere Eigenschaften. Lediglich wenn man für $\hat{A}$ den Operator wählt, aus dessen Eigenzuständen die Mischung besteht (in unserem Fall die z-Komponente des Spins), und falls $|c_i|^2 = p_i$ gilt, stimmen die Erwartungswerte überein.

Es wurde bereits angedeutet, dass wir noch keine Möglichkeit haben, ein statistisches Gemisch formal zu beschreiben. Man möchte intuitiv ein solches Ensemble durch eine Beziehung vom Typ $|\psi\rangle_{\text{mixed}} = p_1 |\uparrow\rangle + p_2 |\downarrow\rangle$ darstellen. Dies wäre aber aus verschiedenen Gründen unsinnig. Erstens wollen wir die Eigenschaft eines Ensembles aussprechen, in dem – in unserem Beispiel – jeder Zustand *entweder* $|\uparrow\rangle$ *oder* $|\downarrow\rangle$ ist. Für solche Objekte besitzen wir jedoch gar keine Hilbertraumstruktur oder Ähnliches. Außerdem sind in unserem Fall die Koeffizienten reelle Zahlen, nämlich die relativen Häufigkeiten der Mischung. Die Zustände ψ_i, die mit relativer Häufigkeit p_i auftreten, müssen außerdem gar keine Orthonormalbasis bilden. Um solche Ensemble beschreiben zu können, braucht man den sog. statistischen Operator, auch *Dichtematrix* genannt.

B.1 Beschreibung gemischter Ensemble: Die Dichtematrix

Wir hatten den Erwartungswert eines gemischten Zustandes:

$$\langle A \rangle = \sum_i p_i \langle \psi_i | A | \psi_i \rangle$$

Dieser Ausdruck kann durch Einschieben von $\sum_n |n\rangle\langle n| = 1$ umformuliert werden:

$$\begin{aligned} \langle A \rangle &= \sum_i p_i \langle \psi_i | A | \psi_i \rangle \\ &= \sum_n \sum_i p_i \langle \psi_i | A | n \rangle \langle n | \psi_i \rangle \\ &= \sum_n \sum_i \langle n | \psi_i \rangle p_i \langle \psi_i | A | n \rangle \end{aligned}$$

Der mittlere Term kann aber gerade als Matrixmultiplikation gelesen werden:

$$\langle A \rangle = \sum_n \langle n | \rho A | n \rangle \tag{B.2}$$

Dabei ist die *Dichtematrix* ρ definiert als:

$$\boxed{\rho_{\text{mixed}} = \sum_i p_i |\psi_i\rangle\langle\psi_i|} \tag{B.3}$$

In Gleichung B.2 werden aber die Diagonalelemente eines Operators addiert, also die Spur gebildet. Man findet den wichtigen Zusammenhang zwischen Dichtematrix und Erwartungswert:

$$\langle A \rangle = \text{Sp}(\rho_{\text{mixed}} A)$$

Dieser Formalismus kann natürlich auch auf »reine« Ensemble angewendet werden. Bei ihnen werden alle Objekte durch denselben Zustand beschrieben, alle p_i bis auf eines sind also Null. Die Dichtematrix hat dann die Form:

$$\rho_{\text{pure}} = |\psi\rangle\langle\psi|$$

Dieser Ausdruck hat die folgenden Eigenschaften: Es gilt noch immer $\langle A \rangle = \text{Sp}(\rho_{\text{pure}} A)$. Zusätzlich gilt für reine Zustände $\text{Sp}(\rho_{\text{pure}}) = 1$ und $\rho_{\text{pure}}^2 = \rho_{\text{pure}}$. Falls ein echtes Gemisch vorliegt (also mehrere p_i von Null verschieden sind) gilt hingegen $\rho_{\text{mixed}}^2 \neq \rho_{\text{mixed}}$.

In unserem Beispiel eines Elektronenstrahls mit Spin $\uparrow$ und Spin $\downarrow$ Anteilen lautet ρ_{mixed} also:

$$\rho_{\text{mixed}} = p_1 |\uparrow\rangle\langle\uparrow| + p_2 |\downarrow\rangle\langle\downarrow|$$

Übersichtlich gestaltet sich die Darstellung, falls man eine Identifikation der beiden Zustände mit der Standardbasis eines zweidimensionalen Vektorraumes durchführt:

$$|\uparrow\rangle = \begin{pmatrix} 1 \\ 0 \end{pmatrix} \quad |\downarrow\rangle = \begin{pmatrix} 0 \\ 1 \end{pmatrix}$$

Dann schreiben sich die Dichtematrizen für reine und gemischte Ensemble aus unserem Beispiel gerade:

$$\rho_{\text{mixed}} = \begin{pmatrix} p_1 & 0 \\ 0 & p_2 \end{pmatrix} \quad \rho_{\text{pure}} = \begin{pmatrix} |c_1|^2 & c_2 c_1^* \\ c_1 c_2^* & |c_2|^2 \end{pmatrix}$$

Man erkennt in unserem Beispiel auch sofort, dass $\rho_{\text{mixed}}^2 \neq \rho_{\text{mixed}}$ gilt.

Der Unterschied zwischen reinen und gemischten Ensembeln besteht also gerade in den (nicht-diagonalen) Interferenztermen. Bei reinen Ensembles tragen die Phasen zwischen den Eigenzuständen der Superposition zusätzliche Information. Es leuchtet unmittelbar ein, dass keine unitäre Transformation die Dichtematrix eines reinen Zustandes in diejenige eines Gemisches überführen kann. Es kann jedoch darüber spekuliert werden, inwiefern unter bestimmten Umständen die nicht-diagonalen Terme der Dichtematrix *praktisch* vernachlässigt werden können. Dies führt auf den »Dekohärenz-Ansatz«, der unter anderem im Zusammenhang mit dem Messproblem diskutiert wird [51]. Dekohärenz alleine leistet jedoch noch keine Lösung des Messproblems, wenn man nicht zugleich bereit ist, auf eine Beschreibung *individueller* Systeme (einzelne Teilchen etc.) zu verzichten. Schließlich ist auch eine inkohärente Superposition immer noch eine Superposition – obwohl jedes Messgerät immer nur *einen* Wert anzeigt [52].

C Signal-Lokalität und Kausalität

> Eines der Hauptprobleme, denen man bei einer Reise durch die Zeit begegnet, ist nicht, daß man zufällig sein eigener Vater oder seine eigene Mutter wird. Sein eigener Vater oder seine Mutter zu werden, ist kein Problem, mit dem eine tolerante und gut aufeinander eingespielte Familie nicht fertig würde. [...]
> Das größte Problem ist ganz einfach ein grammatikalisches, und das wichtigste Buch, das man zu diesem Thema heranziehen kann, ist das *Handbuch der 1001 Tempusbildungen für den Reisenden durch die Zeit* von Dr. Dan Streetmaker.
>
> Douglas Adams [174]

In der Speziellen Relativitätstheorie verliert das Konzept der Gleichzeitigkeit seine *absolute* Bedeutung. Damit ist gemeint, dass Ereignisse, die für einen Beobachter gleichzeitig stattfinden, für einen anderen (relativbewegten) Beobachter nicht gleichzeitizg ablaufen. Dies scheint zu absurden Konsequenzen Anlass zu geben, da zumindest Ursache und Wirkung in einer eindeutigen zeitlichen Ordnung zueinander stehen müssen. Dass dieses Prinzip der Kausalität nicht verletzt ist, wird gerade durch die Lichtgeschwindigkeit als obere Grenze für jede Signalausbreitung sichergestellt. Umgekehrt kann durch Signalausbreitung mit Überlichtgeschwindigkeit das Konzept der Kausalität verletzt werden. Plastisch wird diese Möglichkeit auch als »Zeitreise« bezeichnet und kann als eine Verallgemeinerung der Zeitdilatation verstanden werden: Je höher die Geschwindigkeit ist, desto langsamer vergeht die Zeit. Bei Lichtgeschwindigkeit steht die Zeit still, um bei Überlichtgeschwindigkeit schließlich rückwärts zu verlaufen[1].

Wir diskutieren nun das Auftreten »kausaler Loops« in der speziellen Relativitätstheorie. Der Leser, der mit Minkowskidiagrammen bereits vertraut ist, kann durch einen Blick auf Abbildung C.4 diesen Zusammenhang vermutlich unmittelbar einsehen. Für alle anderen soll das nötige Rüstzeug hierfür kurz bereitgestellt werden.

Wir betrachten die Koordinaten zweier Inertialsysteme ($\Sigma = (x, t)$ und $\Sigma' = (x', t')$), die sich mit Relativgeschwindigkeit v zueinander bewegen. Beobachter, die mit diesen Bezugssystemen starr verbunden sind, werden ihre Messungen

---

[1] In der Allgemeinen Relativitätstheorie gibt es jedoch auch die Möglichkeit einer Zeitreise mit Unterlichtgeschwindigkeit. 1949 fand Gödel eine Lösung der Feldgleichungen, die geschlossene zeitartige Pfade erlaubt [175, S. 168-170]. Diese Lösung wird jedoch typischerweise als unphysikalisch betrachtet.

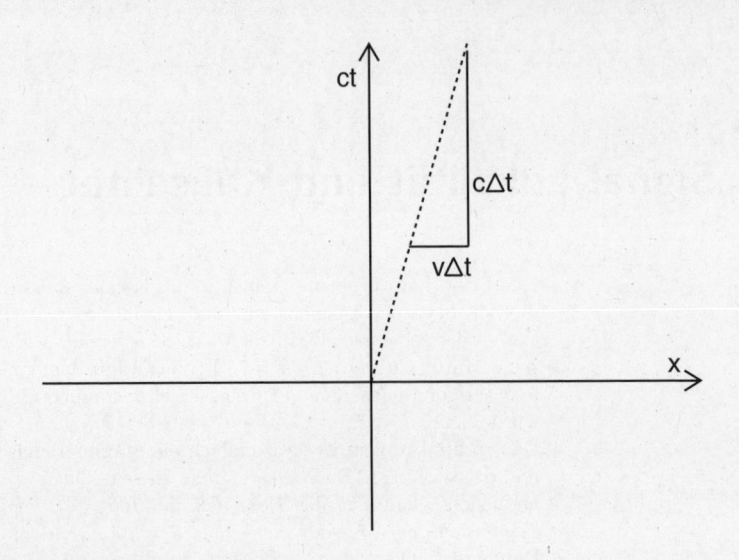

Abbildung C.1: Weltlinie eines Objektes mit konstanter Geschwindigkeit. Dessen Ruhesystem ist also ebenfalls ein Inertialsystem.

bezüglich des jeweiligen Koordinatensystems ausdrücken. Die unterschiedlichen Koordinaten, die dem selben Ereigniss auf diese Weise zugeordnet werden, können mit Hilfe der Lorentztransformationen ineinander umgerechnet werden[2]:

$$t' = \frac{t - \frac{v}{c^2}x}{\sqrt{1 - \left(\frac{v}{c}\right)^2}} \quad (C.1)$$

$$x' = \frac{x - vt}{\sqrt{1 - \left(\frac{v}{c}\right)^2}} \quad (C.2)$$

Wir suchen nun eine geometrische Interpretation dieser Vorschrift. In einem $x - ct$ Diagramm (auch als »Minkowskidiagramm« bezeichnet) wird die Weltlinie eines Beobachters im Ursprung des gestrichenen Systems also eine Gerade mit Steigung c/v. Dies ist in Abbildung C.1 dargestellt. Auf dieser Weltlinie liegen für den Beobachter, der mit dem gestrichenen System verbunden ist, aber gerade alle Ereignisse, die im Ursprung seines Bezugssystems stattfinden – mit anderen Worten handelt es sich um die Zeitachse seines Bezugssystems! Die Raumachse seines Systems ist durch die Bedingung $ct' = 0$ definiert. Aus Beziehung C.1 lesen wir dafür aber gerade die Bedingung $ct = \frac{v}{c}x$ ab. Diese Koordinate hat aus dem ungestrichenen System betrachtet also die inverse Steigung v/c.

Damit haben wir die grafische Repräsentation von Lorentztransformationen in Minkowskidiagrammen hergeleitet: Die gestrichenen Zeit- und Raumachsen

---

[2] Wir beschränken uns auf eine Raum- und Zeitkoordinate

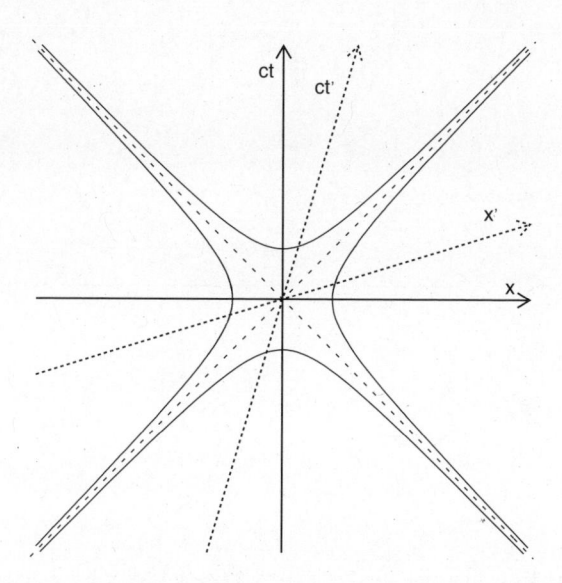

Abbildung C.2: Die gestrichenen und ungestrichenen Koordinaten zusammen mit den Winkelhalbierenden (d. h. den Lichtkegeln des Ursprungs). Die Hyperbeläste $c^2 t^2 - x^2 = \pm 1$ schneiden an den jeweilig neuen Einheiten für Längen und Zeitmessung.

werden gewonnen, indem man die ungestrichenen Achsen um den Winkel $\theta = \tan^{-1} \frac{v}{c}$ in Richtung der Winkelhalbierenden klappt.

Abbildung C.2 zeigt die gestrichenen und ungestrichenen Koordinaten zusammen mit den Winkelhalbierenden (d. h. den Lichtkegeln des Ursprungs). Die Hyperbeln sind die Lösungen der Gleichung $c^2 t^2 - x^2 = \pm 1$. Dies ist gerade die unter Lorentztransformationen erhaltene Metrik ($c^2 t^2 - x^2 = c^2 t'^2 - x'^2$). Somit schneiden die Hyperbeläste die Achsen des gestrichenen Koordinatensystems an den Stellen der neuen Längen und Zeiteinheiten. Wir können qualitativ also sowohl Zeitdilatation als auch Längenkontraktion aus dem Minkowskidiagramm ablesen. Abbildung C.3 zeigt, wie die Koordinaten eines Ereignisses B von Beobachtern in den verschiedenen Bezugssystemen gemessen werden.

Nach diesen Vorbereitungen kommen wir nun zum eigentlichen Punkt. Abbildung C.4 zeigt zwei Ereignisse A und B. Vom ungestrichenen System Σ aus betrachtet erfolgt B nach A – von Σ' aus gerade umgekehrt A später als B. Dies illustriert, dass »Gleichzeitigkeit« und »Zeitordnung« in der speziellen Relativitätstheorie keine absoluten Konzepte mehr sind bzw. vom jeweiligen Bezugssystem abhängen.

Wie eingangs bereits behauptet, können diese Ereignisse also nur durch eine Signalausbreitung mit Überlichtgeschwindigkeit in Kontakt stehen. Dies erkennt man z. B. daran, dass B nicht im Vorwärtslichtkegel des Ereignisses A liegt. Wäre ein solcher Kontakt *möglich*, könnte, von Σ aus betrachtet, A also die

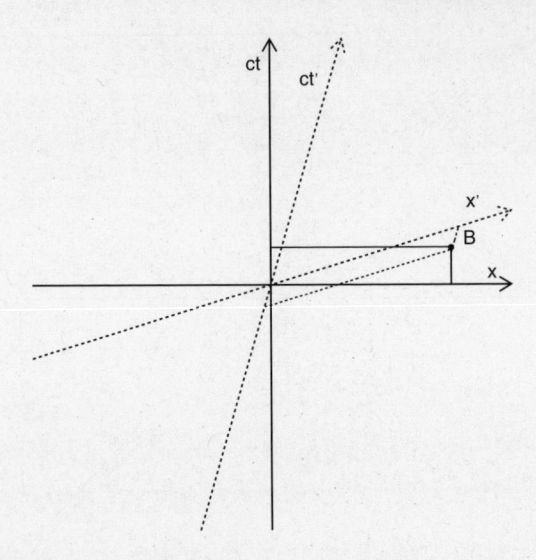

Abbildung C.3: Koordinaten des Ereignisses B bezüglich der beiden Inertialsysteme.

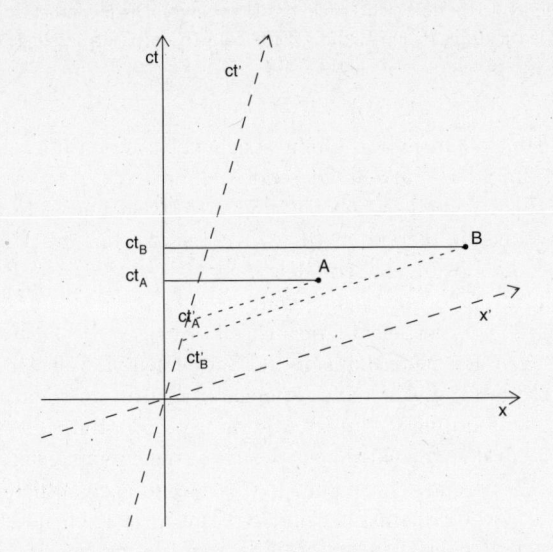

Abbildung C.4: Koordinaten der Ereignisse A und B bezüglich der beiden Inertialsysteme. Während im ungestrichenen System B auf A folgt, ist die Zeitordnung im gestrichenen System umgekehrt. Ein kausaler Zusammenhang zwischen beiden Ereignissen – der sich mit Überlichtgeschwindigkeit ausbreiten müsste – hätte also paradoxe Folgen.

– mittels Überlichtgeschwindigkeit vermittelte – *Ursache* von Ereignis B sein. Aus der Perspektive des gestrichenen Systems würde also die *Wirkung* vor der *Ursache* stattfinden. Der Beobachter im gestrichenen System könnte etwa die Ziehung der Lottozahlen (Ereignis B) beobachten, sich danach in das ungestrichene System versetzen, einen Lottoschein ausfüllen (Ereignis A) und schließlich diesen mit Überlichtgeschwindigkeit nach B übermitteln. Dieses Beispiel zeigt, dass auch ein kommerzielles Interesse an einer möglichen Signalausbreitung mit Überlichtgeschwindigkeit existiert.

Literaturverzeichnis

[1] L. de Broglie, *La structure atomique de la matière et du rayonnement et la méchanique ondulatoire* (1927), nachgedruckt in *La Physique Quantique restera-t-elle Indetérministe?*, Gauthier Villars, Paris 1953.

[2] E. Madelung, *Quantentheorie in hydrodynamischer Form*, Z. Physik **40**, (1926) 322.

[3] D. Bohm, *A suggested interpretation of the quantum theory in terms of »hidden« variables*, Phys. Rev. **85**, 166(I) und 180(II) (1952). Nachgedruckt in [53], deutsche Übersetzung von Arbeit I in [94].

[4] D. Dürr, *Bohmsche Mechanik als Grundlage der Quantenmechanik*, Springer, Berlin 2001.

[5] P. R. Holland, *The Quantum Theory of Motion*, Cambridge University Press, Cambridge 1993.

[6] D. Bohm und B. J. Hiley, *The Undivided Universe*, Routledge, London 1993.

[7] J. T. Cushing, *Quantum Mechanics – Historical Contingency and the Copenhagen Hegemony*, University of Chicago Press, Chicago 1994.

[8] K. Berndl, M. Daumer, D. Dürr, S. Goldstein und N. Zanghì, *A Survey of Bohmian Mechanics*, Il Nuovo Cimento **110** B, 737–750 (1995) und quant-ph/9504010 (1995).

[9] S. Goldstein, *Bohmian Mechanics and the Quantum Revolution*, Synthese **107**, 145–165 (1996) und quant-ph/9512027 (1995).

[10] D. Dürr, S. Goldstein und N. Zanghì, *Quantum equilibrium and the Origin of Absolute Uncertainty*, Journal of Statistical Physics **67**, 843 (1992).

[11] D. Dürr, S. Goldstein und N. Zanghì, *Quantum mechanics, randomness, and deterministic reality*, Phys. Lett. A **172**, 6 (1992).

[12] J. S. Bell, *Speakable and unspeakable in quantum mechanics*, Cambridge University Press, Cambridge, Zweite Auflage 2004.

[13] G. Ch. Lichtenberg, *Lichtenberg Aphorismen*, K. Batt (Hrsg.), Insel Verlag, Frankfurt a. M. 1976.

[14] M. Gell-Mann, *The Nature of Matter, Wolfson College Lectures 1980*, Clarendon Press, Oxford 1981.

[15] J. S. Bell, *How to Teach Special Relativity*, Progress in Scientific Culture, Vol. **1**, No. 2 (1976). Nachgedruckt in [12] und [172].

[16] E. Schrödinger, *Die gegenwärtige Situation der Quantenmechanik*, Naturwissenschaften **23**, 807ff. (1935).

[17] J. S. Bell, *Against measurement*, in: Sixty-Two Years of Uncertainty. Historical, Philosophical and Physical Inquiries into the Foundations of Quantum Mechanics, Proceedings of a NATO Advanced Study Institute, Ed. Arthur I. Miller, NATO ASI Series B Vol. 226, Plenum Press, New York 1990. Nachdruck in [172], deutsche Übersetzung in Phys. Blätter **48**, 267 (Heft 4, 1992).

[18] G. C. Ghirardi, A. Rimini und T. Weber, *Unified dynamics for microscopic and macroscopic system*, Phys. Rev. D **34**, 2, 470 (1986).

[19] L. E. Ballentine, *What do we learn about quantum mechanics from the theory of measurement*, Int. J. of Th. Phys., **27**, (1988).

[20] G. Bacciagaluppi und A. Valentini, *Quantum Theory at the Crossroads: Reconsidering the 1927 Solvay Conference*, Cambridge University Press (geplante Veröffentlichung 2010) und quant-ph/0609184 (2006).

[21] D. Bohm, *Quantum Implications*, Essays in Honour of David Bohm, B. J. Hiley und F. D. Peat (Hrsg.), Routledge, London 1987.

[22] D. Bohm, *Quantum Theory*, Prentice-Hall, New York 1951.

[23] H. Margenau, *Quantum-Mechanical Description*, Phys. Rev. **49** (1936) 240-242.

[24] Jeffrey Bub, persönliche Mitteilung, Mai 2006.

[25] E. P. Wigner, *The Problem of Measurement*, Am. J. of Physics 31 (1963) 6.

[26] D. Bohm und J. Bub, *A Proposed Solution of the Measurement Problem in Quantum Mechanics by a Hidden Variable Theory*, Rev. Mod. Phys. **38** (1966) 453-469.

[27] Chris Dewdney, persönliche Mitteilung, Februar 2004.

[28] W. Pauli, *Wissenschaftlicher Briefwechsel mit Bohr, Einstein, Heisenberg u.a.*, Band IV (Teil I, II und III), Karl v. Meyenn (Hrsg.), Springer, Berlin 1996.

[29] L. de Broglie, *The Reinterpretation of Wave Mechanics*, Found. Phys. **1**, 5 (1970).

[30] P. Forman, *Weimarer Kultur, Kausalität und Quantentheorie 1918–1927*, in: Quantenmechanik und Weimarer Republik, K. v. Meyenn (Hrsg.), Vieweg, Wiesbaden 1994.

[31] C. F. v. Weizsäcker, *Der Aufbau der Physik*, dtv, München 1984.

[32] A. Einstein, Hewdig und Max Born, *Briefwechsel 1916–1955*, Nymphenburger Verlagshandlung, München 1969.

[33] W. Myrvold, *On Some Early Objections to Bohm's Theory*, International Studies in Philosophy of Science Vol. 17, No. 1 (2003), verfügbar über http://publish.uwo.ca/~wmyrvold/pub.html

[34] J. von Neumann, *Mathematische Methoden der Quantentheorie*, Springer, Berlin 1932.

[35] B. S. DeWitt und N. Graham (Hrsg.), *The many worlds Interpretation of Quantum Mechanics*, Princeton Series in Physics, Princeton University Press, Princeton 1973.

[36] E. Scheibe, *Die Kopenhagener Schule und ihre Gegner*, in [37]

[37] J. Andretsch und K. Mainzer (Hrsg.), *Wieviele Leben hat Schrödingers Katze?*, B. I. Wissenschaftsverlag, Mannheim 1990.

[38] L. E. Ballentine, *Quantum Mechanics*, Prentice-Hall Inc., Englewood Cliffs 1990.

[39] J. S. Bell, *Towards An Exact Quantum Mechanics*, in: Essays in honor of J. Schwinger's 70th birthday, S. Deser und R. J. Finkelstein (Hrsg.), World Scientific, Singapore 1989.

[40] K. Gottfried, *Quantum Reflections*, J. Ellis und D. Amanti (Hrsg.), Cambridge University Press, Cambridge 1991.

[41] A. Cabello, *Bibliographic guide to the foundation of quantum mechanics and quantum information*, quant-ph/0012089 (12. Version 3. 3. 2004), aktuelle Version unter www.adancabello.com.

[42] M. Born, *Zur Quantenmechanik der Stoßvorgänge*, Z. Phys. **37**, 863 (1926).

[43] D. Howard, *Who Invented the Copenhagen Interpretation? A Study in Mythology*, University of Notre Dame, Manuskript verfügbar über: http://www.nd.edu/~dhoward1/Papers.html

[44] W. Heisenberg, *Quantentheorie und Philosophie*, Reclam, Stuttgart 1994.

[45] C. F. v. Weizsäcker, *Die Einheit der Natur*, Carl Hanser Verlag, München, 4. Auflage, 1972.

[46] F. J. Belinfante, *Measurement and Time Reversal in Objective Quantum Theory*, International Series in Natural Philosophy Vol. 75, Pergamon Press, Oxford 1975.

[47] L. E. Ballentine, *The Statistical Interpretation of Quantum Mechanics*, Rev. Mod. Phys. **42**, 4, 358 (1970).

[48] D. Giulini, E. Joos, C. Kiefer, J. Kupsch, I.-O. Stamatescu und H. D. Zeh, *Decoherence and the Appearance of a Classical World in Quantum Theory*, Springer, Berlin 1996.

[49] H. D. Zeh, *What ist achieved by decoherence*, in: *New Developments on Fundamental Problems in Quantum Physics*, M. Ferrero und A. van der Merwe (Hrsg.), Kluwer Academic Publishers, Dordrecht 1997 und quant-ph/9610014 (1996).

[50] C. Kiefer, *On the interpretation of quantum theory – from Copenhagen to the present day*, in *Time, Quantum and Information*, Lutz Castell und Otfried Ischebeck (Hrsg.) Springer, Berlin (2003) S. 291 und quant-ph/0210152 (2002).

[51] M. Schlosshauer, *Decoherence, the Measurement Problem, and Interpretations of Quantum Mechanics*, Rev. Mod. Phys. **76** (2005) 1267-1305 und quant-ph/0312059 (2003).

[52] S. L. Adler, *Why decoherence has not solved the measurement problem: a response to P.W. Anderson*, Studies in History and Philosophy of Modern Science **34** (2003) 135.

[53] J. A. Wheeler und W. H. Zurek (Hrsg.), *Quantum Theory of Measurement*, Princeton University Press, Princeton 1983.

[54] D. Bohm und B. J. Hiley, *Non-Locality and Locality in the Stochastic Interpretation of Quantum Mechanics*, Physics Reports **172**, No. 3, 93 (1989).

[55] H. Goldstein, *Klassische Mechanik*, Akademische Verlagsgesellschaft, Frankfurt a. M. 1972.

[56] F. Scheck, *Theoretische Physik*, Springer, Berlin 1996.

[57] L. D. Landau und E. M. Lifschitz, *Lehrbuch der theoretischen Physik*, Harri Deutsch, Frankfurt 1997.

[58] F. Schwabl, *Quantenmechanik I*, Springer, Berlin 1997.

[59] E. Deotto und G. C. Ghirardi, *Bohmian Mechanics revisited*, Found. Phys. **28**, 1 (1998) und quant-ph/9704021 (1997).

[60] D. Bohm, *Proof That Probability Density Approaches $|\psi|^2$ in Causal Interpretation of the Quantum Theory*, Phys. Rev. **89**, 458 (1953).

[61] A. Valentini und H. Westman, *Dynamical Origin of Quantum Probabilities*, Proc. Roy. Soc. Lond. A461 (2005) 253-272 und quant-ph/0403034 (2004).

[62] D. Bohm und J.-P. Vigier, *Model of the Causal Interpretation of Quantum Theory in Terms of a Fluid with Irregular Fluctuations*, Phys. Rev. **96** (1954) 208.

[63] A. Valentini, *Signal-locality, uncertainty, and the subquantum H-theorem*, Teil I: Physics Letters A **156**, No. 1–2, 5 (1991), Teil II: Physics Letters A **158**, No. 1–2, 1 (1991).

[64] A. Valentini, *Universal Signature of Non-Quantum Systems*, Phys. Lett. A332 (2004) 187-193 und quant-ph/0309107 (2003).

[65] D. Dürr, S. Goldstein und N. Zanghì, *Quantum Physics Without Quantum Philosophy*, Studies in History and Philosophy of Modern Physics 26 (1995) 137.

[66] M. Baublitz und A. Shimony, *Tension in Bohm's interpretation* in [71]

[67] D. Bohm und B. Hiley, *An ontological basis for the quantum theory*, Phys. Rep. **144** No.6 (1987) 321.

[68] D. Bohm, *Reply to a Criticism to a Causal Re-Interpretation of the Quantum Theory*, Phys. Rev. **87**, (1952) 389.

[69] B. J. Hiley, *Active Information and Teleportation*, in *Epistemological and Experimental Perspectives on Quantum Physics*, D. Greenberger et al. (Hrg.), Kluwer Academic Publishers, Dordrecht 1999.

[70] M. Beller, *The Conceptual and the Anecdotal History of Quantum Mechanics*, Found. of Phys. Vol. 26, No. 4 (1996).

[71] J. T. Cushing, A. Fine und S. Goldstein (Hrsg.), *Bohmian Mechanics and Quantum Theory: An Appraisal*, Kluwer Academic Publishers, Dordrecht 1996.

[72] A. M. Gleason, *Measures on the Closed Subspaces of a Hilbert Space*, J. Math. and Mech. **6**, 885 (1957). Nachgedruckt in [74].

[73] S. Kochen und E. P. Specker, *The Problem of Hidden Variables in Quantum Mechanics*, J. Math. and Mech. **17**, 59 (1967). Nachgedruckt in [74].

[74] C. Hooker (Hrsg.), *The Logico-Algebraic Approach to Quantum Mechanics*, Reidel, Dordrecht 1975.

[75] D. Dürr, S. Goldstein und Nino Zanghí, *Bohmian Mechanics and the Meaning of the Wave Function*, in *Experimental Metaphysics – Quantum Mechanical Studies in Honor of Abner Shimony*, R. S. Cohen, M. Horne and J. Stachel (Hrsg.) Boston Studies in the Philosophy of Science, Kluwer (1996) und quant-ph/9512031.

[76] W. M. Dickson, *Quantum chance and non-locality*, Cambridge University Press, Cambridge 1998.

[77] M. Daumer, D. Dürr, S. Goldstein und N. Zanghì, *Naive Realism about Operators*, Erkenntnis **45**, 379–397 (1996) und quant-ph/9601013 (1996).

[78] N. Bohr, *Quantum Mechanics and Physical Reality*, Nature **136**, (1935).

[79] N. D. Mermin, *Simple Unified Form for the Major No-Hidden Variables Theorems*, Phys. Rev. Lett. **65**, 3373 (1990).

[80] N. D. Mermin, *Hidden variables and the two theorems of John Bell*, Rev. Mod. Phys. Vol. **65**, No. 3 (1993).

[81] D. Hemmick, *Hidden Variables and Nonlocality in Quantum Mechanics*, PHD thesis, Rudgers University (1996), verfügbar über: http://www.intercom.net/~tarababe/DissertPage.html

[82] C. Pagonis und R. Clifton, *Unremarkable Contextualism: Dispositions in the Bohm Theory*, Found. Phys. **25**, 281 (1995).

[83] A. Einstein, B. Podolski und N. Rosen, *Can quantum mechanical description of physical reality be considered complete?*, Phys. Rev. **47**, 777 (1935). Nachgedruckt in [94] (deutsche Übersetzung). Originalversion verfügbar über: http://prola.aps.org/abstract/PR/v47/i10/p777_1

[84] M. Jammer, *The Philosophy of Quantum Mechanics*, John Wiley & Sons, New York 1974.

[85] M. Dickson, *The EPR Experiment: A Prelude to Bohr's Reply to EPR*, to appear in the Selected Archive of HOPOS 2000 und quant-ph/0102053 (2001).

[86] M. Jammer, *The EPR problem in its historical development*, in: *Symposium on the Foundation of Quantum Mechanics* P. Lahti und P. Mittelstaedt (Hrsg.) World Scientific 1985.

[87] T. Norsen, *Einstein's Boxes*, Am. J. of Phys. **73** (2) (2005) 164-176 und quant-ph/0404016 (2004).

[88] N. Bohr, *Can quantum mechanical description of physical reality be considered complete?*, Phys. Rev. **48**, 696 (1935). Verfügbar über: http://prola.aps.org/abstract/PR/v48/i8/p696_1

[89] H. Genz, *Gedankenexperimente*, WILEY-VCH Verlag, Weinheim 1999.

[90] D. Howard, persönliche Mitteilung

[91] D. Howard, *A brief on behalf of Bohr*, Invited paper delivered to the Committee on the Conceptual Foundations of Science, University of Chicago, 1999.

[92] W. M. de Muynck, *On the Relation between the Einstein-Podolsky-Rosen Paradox and the Problem of Nonlocality in Quantum Mechanics*, Found. of Phys. **16**, 973 (1986).

[93] H. Halvorson und R. Clifton, *Reconsidering Bohr's Reply to EPR*, in *Modality, Probability and Bell's Theorems*, NATO Science Series, II. Vol. 64, T. Placek und J. Butterfield (Hrsg.), Kluwer Academic Publishers, Dordrecht, Boston, London, 2002.

[94] K. Baumann und R. U. Sexl, *Die Deutung der Quantentheorie*, Vieweg, Braunschweig 1987.

[95] A. Aspect, P. Grangier und G. Roger, *Experimental Realization of Einstein-Podolsky-Rosen-Bohm Gedankenexperiment. A New Violation of Bell's Inequalities*, Phys. Rev. Let. **49**, 91 (1982).

[96] G. Weihs, T. Jennewein, Ch. Simon, H. Weinfurter und A. Zeilinger, *Violation of Bell's inequality under strict Einstein locality conditions*, Phys. Rev. Lett. **81**, 5039 (1998).

[97] J. T. Cushing, *Background Essay* in [98]

[98] J. T. Cushing und E. McMullins (Hrsg.), *Philosophical Consequences of Quantum Theory*, University of Notre Dame Press, Indiana 1987.

[99] H. Lyre, *Über Möglichkeiten und Grenzen des wissenschaftlichen Realismus*, in *Grenzen und Grenzüberschreitungen*, W. Hogrebe (Hrsg.) Sinclair Press, Bonn 2002.

[100] J. F. Clauser, M. Horne und A. Shimony, *Proposed experiment to test local hidden-variable theories*, Phys. Rev. Lett. **23**, 880 (1969).
J. F. Clauser und M. Horne, *Experimental consequences of objective local theories*, Phys. Rev. D **10**, 526 (1974).

[101] L. E. Ballentine und J. P. Jarrett, *Bells's theorem: Does quantum mechanics contradict relativity?*, Am. J. Phys. **55**, 696 (1987).

[102] W. M. de Muynck, *Interpretations of quantum mechanics, and interpretations of violation of Bell's inequality*, in: *Foundation of Probability and Physics*, , A. Khrennikov (Hrsg.) World Scientific 2001, 95.

[103] W. M. de Muynck, *Measurement and the interpretation of quantum mechanics and relativity theory*, Synthese **102**, 293 (1995), verfügbar über: http://www.phys.tue.nl/ktn/Wim/publications.htm

[104] N. D. Mermin, *What is quantum mechanics trying to tell us?*, American Journal of Physics **66**, 753 (1998) und quant-ph/9801057 (1998).

[105] N. D. Mermin, *The Ithaca Interpretation of Quantum Mechanics*, Pramana **51**, 549 (1998) und quant-ph/9609013 (1996).

[106] R. Y. Chiao und J. C. Garrison, *Realism or Locality: Which Should We Abandon*, Found. Phys. **29**, 553 (1999) und quant-ph/9807042 (1998).

[107] P. Mittelstaedt, *Can EPR-correlations be used for the transmission of superluminal signals?*, in [130].

[108] A. Shimony, *Search for a worldview which can accommodate our knowledge of microphysics* in [98]

[109] N. Straumann, *Quantenmechanik*, Springer, Berlin, Heidelberg 2002.

[110] C. J. Isham, *Lectures on Quantum Theory: Mathematical and structural foundations.*, Imperial College Press, London 1995.

[111] K. Berndl, D. Dürr, S. Goldstein und N. Zanghì, *EPR-Bell Nonlocality, Lorentz Invariance and Bohmian Quantum Theory*, Phys. Rev. A **53**, 2062 (1996) und quant-ph/9510027 (1995).

[112] K. Berndl, D. Dürr, S. Goldstein, G. Peruzzi und N. Zanghì, *On the Global Existence of Bohmian Mechanics*, Comm. Math. Phys. **173**, 647–673 (1995) und quant-ph/9503013 (1995).

[113] S. Teufel und R. Tumulka, *Simple Proof for Global Existence of Bohmian Trajectories*, Commun. Math. Phys. **258** (2005) 349–365 und math-ph/0406030 (2004).

[114] C. Philippidis, C. Dewdney und B. J. Hiley, *Quantum Interference and the Quantum Potential*, Il Nuovo Cimento **52** B, 15 (1979).

[115] S. Beekhuis et al., *Quantum Tunneling, Hoe lang duurt dat?*, Amsterdam 2000 (unveröffentlichte Studienarbeit, verfügbar über: http://soliton.wins.uva.nl/~jcvink/teaching.html

[116] Y. Aharonov und D. Bohm, *Time in the Quantum Theory and the Uncertainty Relation for Time and Energy*, Phys. Rev. **122**, 1649 (1960).

[117] J. T. Cushing, *Quantum Tunneling Times: A Crucial Test for the Causal Program?*, Found. Phys. **25**, 296 (1995).

[118] J. Finkelstein, *Ambiguities of arrival-time distributions in quantum theory*, Phys. Rev. A **59**, 3218 (1999) und quant-ph/9809085 (1998).

[119] L. S. Schulman, *Jump time and passage time: the duration of a quantum transition*, in: *Time in Quantum Mechanics*, J. G. Muga, R. Sala Mayato und I. L. Egusquiza (Hrsg.), Springer, Berlin 2002 und quant-ph/0103151 (2001).

[120] R. Landauer und Th. Martin, *Barrier interaction time in tunneling*, Rev. Mod. Phys. Vol. **66**, No. 1, 217 (1994).

[121] R. Chiao, *Tunneling Times and Superluminality: a Tutorial*, quant-ph/9811019 (1998).

[122] C. R. Leavens, *Transversal times for rectangular barriers within Bohm's causal interpretation of quantum mechanics*, Solid State Communications, Vol. 76, 253 (1990).
C. R. Leavens und G. C. Aers, *Bohm Trajectories and the Tunneling Time Problem*, in *Scanning Tunneling Microscopy III*, R. Wiesendanger und H.-J. Güntherodt (Hrsg.), Springer, Berlin 1993, 105.

[123] M. Abolhasani und M. Golshani, *The best Copenhagen tunneling times*, Phys. Rev. A **62**, 012106 (2000), und quant-ph/9906047 (1999).

[124] T. E. Hartman, *Tunneling of a Wave Packet*, J. Appl. Phys. **33**, 3427 (1962).

[125] G. Nimtz, A. Enders und H. Spieker, *On superluminal barrier traversal*, J. Phys. I France **2**, 1693 (1992).

[126] A. M. Steinberg, P. G. Kwiat und R. Y. Chiao, *Measurement of the Single-Photon Tunneling Time*, Phys. Rev. Lett. **71**, 708 (1993).

[127] A. Ranfagni, P. Fabeni, G. P. Pazzi und D. Mugnai, *Anomalous pulse delay in microwave propagation: A plausible connection to the tunneling time?*, Phys. Rev. E **48**, 1453 (1993).

[128] Ch. Spielmann, R. Szipocs, A. Stingl und F. Krausz, *Tunneling of Optical Pulses through Photonic Band Gaps*, Phys. Rev. Lett. **73**, 2308 (1994).

[129] G. Nimtz, A. A. Stahlhofen und A. Haibel, *From Superluminal Velocity To Time Machines?*, AIP Conference Proceedings Vol. **573** (1), 175 (2001) und physics/0009043 (2000).

[130] P. Mittelstaedt und G. Nimtz (Hrsg.), Proceedings des Workshops *Superluminal(?) Velocities*, Annalen der Physik **7**, 7-8, 585 (1998).

[131] H. G. Winful, *Energy storage in superluminal barrier tunneling: Origin of the Hartman effect*, Optics Express, Volume **10**, Issue 25, 1491–1496 (2002).

[132] S. K. Sekatskii und V. S. Letokhov, *Electron tunneling time measurement by field-emission microscopy*, Phys. Rev. B **64**, 233311 (2001).

[133] C. Bracher et al., *Three-dimensional tunneling in quantum ballistic motion*, Am. J. Phys. **66**, 1 (1998).

[134] H. Primas, *Zur Quantenmechanik makroskopischer Systeme*, in [37].

[135] H. Rollnik, *Quantentheorie*, Vieweg, Braunschweig, Wiesbaden 1995.

[136] J. J. Sakurai, *Modern quantum mechanics*, Addison-Wesley, Reading 1985.

[137] B. d'Espagnat, *Conceptual Foundations of Quantum Mechanics*, (2nd ed.), W. A. Benjamin, London 1976.

[138] J. Barrett, *On the Nature of Measurement Records in Relativistic Quantum Field Theory*, in *Ontological aspects of quantum field theory* (Hrsg. M. Kuhlmann, H. Lyre und A. Wayne) World Scientific Publishing Co. 2002.

[139] M. Kuhlmann, *Quantum Field Theory*, The Stanford Encyclopedia of Philosophy (Spring 2009 Edition), Edward N. Zalta (ed.), verfügbar unter http://plato.stanford.edu/archives/spr2009/entries/quantum-field-theory/.

[140] J. S. Bell, *Beables for quantum field theory*, CERN-TH.4035/84 (1984) (Die Seitenangaben folgen dem Nachdruck in *John S. Bell on the Foundation of Quantum Mechanics*, (Hrsg. M. Bell, K. Gottfried und M. Veltman), World Scientific Publishing Co. 2001.

[141] D. Bohm, *Comments on an article by Takabayasi concerning the formulation of quantum mechanics with classical pictures* Prog. Theor. Phys. Vol. **9** No. 3 (1953) 273-287.

[142] R. Tumulka, *The 'unromantic pictures' of quantum theory*, J. Phys. A: Math. Theo. **40** (2007) 3245-3273 und quant-ph/0607124.

[143] W. Struyve, *Title: Field beables for quantum field theory*, arXiv:0707.3685 (2007).

[144] W. Struyve und H. Westman, *A new pilot-wave model for quantum field theory*, in *Quantum Mechanics: Are there Quantum Jumps? and On the Present Status of Quantum Mechanics*, Hrsg. A. Bassi, D. Duerr, T. Weber und N. Zanghi, AIP Conference Proceedings **844**, 321 (2006) und quant-ph/0602229.

[145] D. Dürr, S. Goldstein, R. Tumulka und N. Zanghì, *Bohmian Mechanics and Quantum Field Theory*, Phys. Rev. Lett. **93**, 090402 (2004) und quant-ph/0303156.

[146] D. Dürr, S. Goldstein, R. Tumulka und N. Zanghì, *Bell-Type Quantum Field Theories*, J. Phys. A **38** (2005) R1-R43.

[147] S. Colin, *A deterministic Bell model*, Phys. Lett. A **317** (2003) 349-358.

[148] J. C. Vink, *Quantum mechanics in terms of discrete beables*, Phys. Rev. A 48 (1993) 1808 - 1818.

[149] M. Berry, *Asymptotics, Singularities and the reduction of Theories*, in D. Prawitz, B. Skyrms und D. Westerstahl (Hrsg.), Proceedings of the Ninth International Congress of Logic, Methodology and Philosophy of Science, Uppsala, Sweden, August 7-14, 1991. Elsevier Science 1994.

[150] R. W. Batterman, *The Devil in the Details: Asymptotic Reasoning in Explanation, Reduction and Emergence*, Oxford University Press (2001).

[151] N. P. Landsman, *Between classical and quantum* in Elsevier's Handbook of the Philosophy of Science, Vol. **2**: Philosophy of Physics (Hrsg. J. Earman & J. Butterfield) 2007 und quant-ph/0506082.

[152] O. Passon, *What you always wanted to know about Bohmian mechanics but were afraid to ask*, Physics and Philosophy 3 (2006) und quant-ph/0611032.

[153] D. Dürr et al., *Hypersurface Bohm-Dirac models*, Phys. Rev. A **60**, 2729 (1999) und quant-ph/9801070 (1998).

[154] T. Maudlin, *Space-time in the quantum world* in [71].

[155] T. Maudlin, *Quantum Non-Locality and Relativity: Metaphysical Intimations of Modern Physics*, Basil Blackwell, Oxford 1994.

[156] W. C. Myrvold, *On peaceful coexistence: is the collaps postulate incompatible with relativity?*, Studies in History and Philosophy of Modern Physics **33** (2002) 435.

[157] B.-G. Englert in seiner Rezension von [4] in den Physikalischen Blättern, November 2001.

[158] P. Frodl, *Erzwingt die Quantenmechanik eine drastische Änderung unseres Weltbildes?*, Annalen der Physik, 7. Folge, Band **46**, Heft 7 (1989).

[159] I. Lakatos, *Falsifikation und die Methodologie wissenschaftlicher Forschungsprogramme*, in: I. Lakatos und A. Musgrave (Hrsg.), *Kritik und Erkenntnisfortschritt*, Vieweg, Braunschweig 1974.

[160] W. V. Quine, *On empirically equivalent systems of the world*, Erkenntnis **9** (1975).

[161] H. D. Zeh, *Why Bohm's Quantum Theory?*, Found. Phys. Lett. **12** (1999) 197-200 und quant-ph/9812059 (1998).

[162] B.-G. Englert, M. O. Scully, G. Süssmann und H. Walther, *Surrealistic Bohm Trajectories*, Z. Naturforsch. **47a**, 1175 (1992).

[163] G. Rempe, M. O. Scully und H. Walther, *The One-Atom Maser and the Generation of Nonclassical Light*, Phys. Scripta **T34**, 5 (1991).

[164] D. Dürr, W. Fusseder, S. Goldstein und N. Zanghì, *Comments on »Surrealistic Bohm Trajectories«*, Z. Naturforsch. **48a**, 1161 (1993), sowie die Erwiderung auf diese Antwort in Z. Naturforsch. **48a**, 1163 (1993).

[165] J. Barrett, *The Persistence of Memory: Surreal trajectories in Bohm's Theory*, Philosophy of Science, **67**(4), 680 (2000) und quant-ph/0002046 (2000).

[166] Y. Aharonov und L. Vaidman, *About Position Measurements which do not show the Bohmian Particle Position*, in [71] und quant-ph/9511005 (1995).

[167] C. Dewdney, L. Hardy und E. J. Squires, *How late measurements of quantum trajectories can fool a detector*, Phys. Lett. A **184**, 6 (1993).

[168] B. J. Hiley, R. E. Callaghan und O. J. E. Maroney, *Quantum trajectories, real, surreal or an approximation to a deeper process?*, quant-ph/0010020 (2000).

[169] M. O. Terra Cunha, *What is Surrealistic about Bohm Trajectories*, quant-ph/9809006 (1998).

[170] M. Beller, *Quantum Dialogue – The Making of a Revolution*, University of Chigago Press, Chicago 1999.

[171] O. Passon, *How to teach Quantum Mechanics*, Eur. J. Phys. **25** (2004) 765 und quant-ph/0404128.

[172] M. Bell, K. Gottfried und M. Veltman (Hrsg.), *John S. Bell on the Foundations of Quantum Mechanics*, World Scientific, Singapore 2001.

[173] B. Russel, *Probleme der Philosphie*, Edition Suhrkamp, Frankfurt a. M. 1967.

[174] D. Adams, *Das Restaurant am Ende des Universums*, Rogner und Bernhard, München 1982.

[175] S. W. Hawkings und G. F. R. Ellis, *The Large Scale Structure of Space-Time*, Cambridge University Press, Cambridge 1973.

Namens- und Sachverzeichnis

A
aktive Information, 41
α-Zerfall, 96
Annihilation, 114
Antiteilchen, 110
Asymmetrie
    der Bohmschen Mechanik, 121

B
Ballentine, L., 7, 26
Batterman, R. W., 115
beable, 108
Bell, J. S., 5, 16
Bell-Modell, 112
Bell-type quantum field theories, 114
Bellsche Ungleichung, 67
    Verletzung der, 70
Berry, M., 115
Bezugssystem, ausgezeichnetes, 110
Bohm-Dirac Theorie, 109
Bohr, N., 9, 65
Born, M., 21
Bornsche Regel, 21
Bra-Ket Notation, 19
Briefwechsel Bohm-Pauli, 12

C
causal view, 41
Colin-Modell, 114

D
de Broglie, L., 11
Dekohärenz, 28
delayed-choice, 89
Determinismus, 29, 73, 118
Dichte, 35

Dichtematrix, 28, 132
Dirac-See, 110
dispersionsfreie Zustände, 49
Doppelrolle der Wellenfunktion, 45
Doppelspaltexperiment, 6, 88
Drehimpuls, 20
Drehimpulsquantenzahl, 87
dwell time, 100

E
effektive Wellenfunktion, 54
Eichkopplung, 111
Eigenfunktionen, 20
Eigenwerte, 20
Einstein, A., 5, 9, 13, 61, 86
Englert, B.-G., 122
Ensemble-Interpretation, 7, 26, 103
EPR, 61
EPRB-Experiment, 66
Erwartungswert, 21
Erwartungswertbildung, 131
ESSW-Experiment, 122
Euler-Lagrange-Gleichungen, 129
evaneszente Moden, 101

F
Führungsfeld-Sichtweise, 41
Feld-beable, 110
Fermionanzahl, 112
Forman-Thesen, 11

G
Gödel, K., 64
Galilei-invariant, 36
gemischte Zustände, 28, 131
Gleason, A. M., 49

Grenzwertbeziehung, 114
Grundzustand, 84
guidance view, 41
guiding equation, 31

H
H-Theorem, 38
Hamilton-Jacobi, 9
Hamilton-Jacobi-Gleichung, 33, 129
Hamiltonoperator, 20
Hamiltonsche Quantenfeldtheorien, 112
harmonischer Oszillator, 84
Hartman-Effekt, 99, 101
Hauptquantenzahl, 87
Heisenberg, W., 13, 24
Helmholtz-Gleichung, 101
Hermitesche Operatoren, 20
Hermitesche Polynome, 85

I
Impulserhaltung, 92
Interferenzterme, 131
Interpretation
    der Quantenmechanik, 23
    der Bohmschen Mechanik, 41

K
kanonische Gleichung, 130
Kastenpotential, 94
kausale Sichtweise, 41
Kausalität, 61, 73
klassische Korrelation, 72
klassischer Limes, 33
Klein-Gordon Feld, 110
Kochen, S., 49
Kochen-Specker-Theorem, 57
Kollaps, 7, 22, 52
Kommutator, 21
Komplementarität, 25
Konfiguration, 31
Konfigurationsraum, 20, 38
Kontextualität, 49, 56, 66, 77
Kontinuitätsgleichung, 33, 34
Kopenhagener Deutung, 9, 23, 103
Kosmologie, 30

Kugelflächenfunktionen, 87

L
Längenkontraktion, 137
Lagrangefunktion, 129
Larmor-Uhr, 99
Lebensdauer, 27
leere Wellenfunktionen, 46, 120
Legendre-Polynome, 87
Lichtgeschwindigkeit, 78
Lichtkegel, 137
Lokalität, 61, 73, 74
Lorentzsche Äther-Theorie, 6

M
Magnetfeld, 47
magnetisches Moment, 47
Matrizenmechanik, 45
Mehrteilchensysteme, 104
Messpostulat, 21
Messproblem, 21, 30, 53, 104
Messung, 52
Messwerte, 20
Metaphysik-Vorwurf, 117
Minkowskidiagramm, 136

N
Nichtlokalität, 61, 74, 108

O
Ockham's Razor, 119
ontologische Interpretation, 41

P
Pauli, W., 9, 13
Pauli-Matrizen, 47
Pauligleichung, 47
Pfadintegral-Methode, 99
Podolsky, B., 61
Positivismus, 26

Q
quantenfeldtheoretische Verallgemeinerung, 107, 110
Quantengleichgewicht, 38

Quantengleichgewichtshypothese, 36
Quantenpotential, 33, 41
quantum equilibrium, 38

R
Realität, 61, 73, 76
Reduktion der Wellenfunktion, 22
reelle Wellenfunktionen, 84, 86
reine Zustände, 131
relativistische Verallgemeinerung, 107
Relativitätstheorie, 9
Rosen, N., 61
Rotationsinvarianz, 35
Russel, B., 128
Rydberg-Atom, 122

S
Schrödinger, E., 5, 102
Schrödingergleichung, 20
Schrödingers Katze, 102
Separabilität, 73, 74
Specker, E. P., 49
Spin, 46
Spin in der Bohmschen Mechanik, 46
Spinkorrelationen, 70
Spinorskalarprodukt, 47
Spinorwellenfunktion, 47
stationärer Zustand, 84
statistisches Gemisch, 131
Stetigkeitsbedingungen, 95
Strom, 35
Struyve-Westman Modell, 111
Superposition, 28
Surrealismusstreit, 122
Symmetrie, 35, 121

T
Teilchen-beable, 108
Teilsysteme, 38
Tempusbildungen bei Zeitreisen, 135
Theorieverallgemeinerung, 114
Thermodynamik, 38
Transmissionsamplitude, 95
Tunneleffekt, 94
Tunnelzeit, 96

U
Überlichtgeschwindigkeit, 135
unitäre Transformation, 20
Unschärfe, 21
Unschärferelation, 21, 39

V
Valentini, A., 38
Varianz, 21
verborgene Variable, 31
verschränkter Zustand, 80, 105
verzögerte Wahl, 89
Viele-Welten Interpretation, 54
Vollständigkeit, 64
von Neumann, J., 48
von Weizsäcker, C. F., 12, 26, 103

W
Wärmetod, 38
Wahrscheinlichkeitsamplitude, 21
Wahrscheinlichkeitsdichtestrom, 34
Wahrscheinlichkeitserhaltung, 33
Wahrscheinlichkeitsinterpretation, 21, 53
Wasserstoffatom, 87
welcher-Weg-Detektor, 122, 123
Welle-Teilchen-Dualismus, 28
Wellenfunktion, 20, 44
Wellenfunktional, 110
which-way-Detektor, 122, 123
WKB-Näherung, 33

Z
Zeit in der Quantenmechanik, 96
Zeitdilatation, 137
Zeitreise, 135
Zeitumkehrinvarianz, 36
zyklische Koordinaten, 130

Notizen

Notizen

Notizen

Notizen

Notizen

Notizen

K. Simonyi
Kulturgeschichte der Physik
Von den Anfängen bis heute
Nachdruck der 3., überarbeiteten und erweiterten Auflage 2001, 2004,
635 Seiten, zahlreiche Abbildungen und Tafeln, 32 Seiten Farbtafeln, gebunden,
ISBN 978-3-8171-1651-5

Die dritte deutsche Auflage ist keine bloße Übersetzung der letzten revidierten ungarischen Ausgabe. Károly Simonyi hat an seinem Lebensabend die deutsche Ausgabe eigens bearbeitet, ergänzt und autorisiert. So wurden Fehlerkorrekturen vorgenommen, Ergänzungen im Text eingebracht und das Bildmaterial verbessert. Ein abschließendes Kapitel ist den Top-Themen an der Jahrtausendwende gewidmet.

Das Buch behandelt die Physikgeschichte in wechselseitiger Verbindung mit der Entwicklung des mathematischen und philosophischen Gedankenguts von den frühen Anfängen bis zu den heutigen Tagen.

Wenn man das Buch in die Hand nimmt, fällt sofort dessen außergewöhnliche Struktur auf. Neben dem Haupttext, in dem Teile, die tiefere Fachkenntnisse voraussetzen, durch Kleindruck abgesetzt sind, finden sich in einer breiten Randspalte mehr als 400 Zitate aus den Werken bedeutender Physiker und Zeitgenossen. Hier ist auch ein Großteil der über 700 Abbildungen angeordnet: Zeichnungen, Tabellen, Fotos, Faksimiles. Ausführliche Bildlegenden geben eine Fülle zusätzlicher Informationen. Der Tafelteil am Ende des Buches ermöglicht in seiner abgestimmten Gesamtheit eine farbige Übersicht über die wichtigsten Schritte in der Entwicklung der Physik. Über 1200 Namen samt Lebensdaten sind im Personenregister verzeichnet.

Dieser Aufbau bietet vielfältige Nutzungsmöglichkeiten: als Lektüre für den Kreis naturwissenschaftlich und kulturgeschichtlich interessierter Leser, als physikhistorisches Studienmaterial für Studenten und Lehrer, in Anbetracht zahlreicher Zitate als Chrestomathie zur Physikgeschichte, wegen seiner Informationsfülle und dank ausführlicher Register als Nachschlagewerk.

... Wenn man kein anderes Werk über die Geschichte der Naturwissenschaften hat, dieses müßte her. Für den interessierten Leser, ob Laie oder Fachmann, ist es ein reichhaltiger Fundus, den zu erschließen unerwartetes Vergnügen bereitet ...
(FAZ)

... Kulturgeschichte der Physik, Wissenschaftsgeschichte: das ist noch viel zu bescheiden. Das Buch ist eine Bibliothek, ein Bildarchiv, ein Kulturdepot ...
(Norddeutscher Rundfunk)

... Der Ungar Károly Simonyi hat ein Buch geschrieben, das seinesgleichen sucht ...
(Rheinischer Merkur)